草业良种良法配套手册

2019

全国畜牧总站 编

中国农业出版社

北 京

编 委 会

主　　编：邵麟惠　赵之阳
副 主 编：陈志宏　侯　湃
编写人员（按姓氏笔画排序）：

王加亭	王丽宏	尹晓飞	邓　蓉	田　宏
付瑜华	边秀举	朱　昊	朱永群	刘　彬
刘凡值	刘公社	刘文辉	刘建秀	刘昭明
齐　晓	齐冬梅	齐海龙	闫　敏	严　林
严琳玲	杜桂林	李　红	李　源	李会彬
李陈建	杨　墨	杨成龙	杨青川	杨忠富
吴晓祥	汪红武	张巨明	张昌兵	张海琴
张新全	张静妮	陈东颖	陈志宏	陈钟佃
邵麟惠	周希梅	郑兴卫	宗俊勤	孟　林
赵　利	赵　祥	赵之阳	赵恩泽	柳珍英
秦　燕	耿小丽	聂　刚	唐祈林	黄水珍
黄琳凯	董晓兵	董宽虎	韩学琴	智　荣
赖大伟	虞道耿	薛泽冰		

前言
FOREWORD

　　饲草产业作为农牧业生产系统中良性循环的中枢产业，不仅保障了牛羊肉和牛奶等畜产品质量安全，同时也是肉牛、奶牛和肉羊等草食畜牧业实现现代化转型升级的基础性产业，其发展水平直接体现了畜牧业和农业现代化程度。随着国家农业供给侧结构性改革的深入推进和粮经饲三元种植结构逐步调整，在粮改饲、振兴奶业苜蓿发展行动等项目的带动下，各地大力发展草牧业，全国饲草产业发展迅速。良种良法是饲草产业的重要基础，是实现增产增收的关键。2017 年以来，全国畜牧总站连续编写《草业良种良法配套手册（2017）》《草业良种良法配套手册（2018）》，推广了 84 个优良草品种，助推了各地草牧业发展，取得了良好的推广效果。拟继续编写《草业良种良法配套手册（2019）》，以期对饲草种植、收获、加工等栽培关键环节，起到指导和参考作用。

　　本书收录了 29 个优良饲草品种，涉及豆科、禾本科、菊科、荨麻科、蓼科、十字花科 6 个科，苜蓿属、胡枝子属、距瓣豆属、柱花草属、孔颖草属、披碱草属、黑麦草属、羊茅属、狼尾草属、高粱属、鸭茅属、偃麦草属、燕麦属、赖草属、薏苡属、摩擦禾属、苎麻属、翅果菊属、荞麦属、萝卜属 20 个属。以品种申报单位提供素材为主要依据，按照品种特点、适宜区域、栽培技术、生产利用和营养成分等内容进行编写，每个品种配有照片或插图，以便读者查阅。

本书得到全国草品种审定委员会多位专家的大力支持，在编写过程中他们提供大量的指导意见和修改建议，对他们的辛勤劳动表示衷心感谢。由于时间仓促水平有限，错误在所难免，敬请读者批评指正。

全国畜牧总站

2020 年 11 月

目录
CONTENTS

前言

豆科

禾本科

1. 龙牧 809 紫花苜蓿

龙牧 809 紫花苜蓿（*Medicago sativa* L. 'Longmu No. 809'）是以育成品种龙牧 801 苜蓿原始材料圃为原始材料，采用单株选择的方法，历时十多年经过继代、多元杂交、品系选育而成的新品种。该品种由黑龙江省农业科学院畜牧兽医分院（原黑龙江省畜牧研究所）于 2019 年 12 月 12 日登记，登记号为 561。该品种具有抗寒、优质、高产的特性。多年多点比较试验证明，龙牧 809 紫花苜蓿较对照品种增产 9.40%～11.62%，平均干草产量 10 362kg/hm²，最高年份干草产量 14 909kg/hm²。

一、品种介绍

豆科苜蓿属多年生草本植物，株型直立，株高 100～120cm，直根系，根系发达；茎多四菱形，绿色或红色；三出羽状复叶，叶片卵圆形；总状花序腋生，由 15～30 个小花组成，蝶形花冠，浅紫色；荚果螺旋状卷曲，种子肾形浅黄色，千粒重 2.0g 左右。

在黑龙江省西部地区生育期 110d 左右，该品种不仅保持了"龙牧 801"苜蓿的抗寒性、抗旱性和适应性广的特点，而且分枝多、叶量丰富、生长速度快、再生能力强。喜光照，不耐阴。

对土壤要求不严,黑风沙土、暗棕壤土、白浆土、黑钙土等均可种植。抗寒、抗旱性强。在东北寒区冬季有雪条件下-34℃可以安全越冬,在冬季无雪情况下越冬率 95% 以上,在土壤 pH 8.4 的盐碱地可稳产、高产。

二、适宜区域

适宜在黑龙江、吉林、内蒙古、辽宁等地推广种植。

三、栽培技术

(一)选地

最适宜在地势高燥、平坦、排水良好、土层深厚疏松、中性或微碱性沙壤土或壤土中生长,土壤 pH 6.8~8.3,可溶性盐分在 0.3% 以下,地下水位不应高于 1.5m 的条件下亦可生长。

(二)土地整理

播种前应精细整地,包括耕翻、耙磨、耢平、压实。以秋翻为宜,翻耕深度 20~25cm。可选用顺耙、横耙或对角线耙,耙碎和耢平土块。有条件的可结合整地施足底肥、灌足底水。

(三)播种技术

1. 种子处理

对于硬实率高的种子可采取机械擦破种皮或变温浸种的办法进行硬实处理。从未种过苜蓿的田地应接种根瘤菌,按每千克种子用 8～12g 根瘤菌剂拌种。经根瘤菌拌种的种子应避免阳光直射；避免与农药、化肥、生石灰等接触。

2. 播种期

春播和夏播均可。以 5 月上旬至 7 月上旬为宜，但在东北地区不应迟于 7 月 20 日。

3. 播种量

根据播种方式和利用目的而定。单播时，以刈割为利用目的，若条播，播量为 $15.00～22.50kg/hm^2$；以收获种子为目的，条播时，播种量为 $4.50～7.50kg/hm^2$。盐碱地、撂荒地适当增加播量。

4. 播种方式

采草田：可采用条播或撒播，条播行距 15～30cm。撒播应在平整土地后利用机械或人工将种子均匀地撒在土壤表面，耙磨覆土，镇压。采种田：采用宽行条播或穴播，行距 65～70cm，穴播株距 30～45cm。播种深度 2cm 左右，播后及时镇压。

（四）水肥管理

播种时可施入种肥磷酸二铵 $150～225kg/hm^2$，硫酸钾 $75kg/hm^2$。每次刈割后，可追施磷酸二铵 $75～150kg/hm^2$ 或尿素 $150kg/hm^2$ 左右。需在返青后和越冬前进行灌溉，有条件地区可在每次刈割后各灌水 1 次，提高产量。

（五）病虫杂草防控

苗期生长缓慢，要及时清除杂草。适时采用化学、人工、机械方法进行中耕除草。化学除草剂以咪草烟 $1\,800ml/hm^2$＋精喹禾灵 $600ml/hm^2$、咪草烟 $1\,500ml/hm^2$＋烯禾啶 $1\,500ml/hm^2$、咪草烟 $1\,500ml/hm^2$＋苯达松 $2\,250ml/hm^2$ 为宜，以禾本科类杂草为主时，选用咪草烟＋精喹禾灵、咪草烟＋烯禾啶组合，阔叶类杂草较多时选用咪草烟＋苯达松。

病虫害防治可采用生物或化学防治，也可二者兼用。苜蓿常见病害有褐斑病、霜霉病、根腐病等，一般不进行防治，采取刈割的方式进行防治，严重时可用波尔多液（1∶1∶1 200）、代森锰锌、粉绣宁、百菌清等药物防治。

苜蓿地主要地上害虫有草地螟、叶象甲、苜蓿夜蛾、苜蓿潜叶蝇、蚜虫、蓟马等。可用低毒、低残留药剂进行喷洒；主要地下害虫有大黑腮金龟、根瘤象甲、金针虫、华北蝼蛄、小地老虎等，可用饵料进行诱杀。

四、生产利用

该品种是优质的豆科牧草，初花期（以干物质计）粗蛋白含量 18.6%，粗脂肪含量 2.65%，粗纤维含量 25.90%，中性洗涤纤维含量 37.4%，酸性洗涤纤维含量 28.9%，粗灰分 11.6%，钙含量 3.25%，磷含量 0.18%。

当年早春播种可刈割 1 次，第二年后，每年可刈割 2～3 次，留茬高度 5～8cm。刈割时期以现蕾至初花期（10%开花）为宜。最后一次刈割应在霜前 30～45d，或停止生长前的 45d。

可调制干草和进行半干青贮。青贮时要在刈割后将鲜草晾晒，使其含水量在 60%进行青贮。青贮时添加乳酸菌或酸化剂，有助于青贮成功。在北方干燥地区多调制成干草储藏。饲喂时要控制牛、羊饲喂量，以免引起臌胀病；猪、鸡、鸭、鹅可直接采食或与精饲料混合饲喂。

1. 龙牧 809 紫花苜蓿

龙牧 809 紫花苜蓿主要营养成分表（以风干物计）

生育期	CP (%)	EE (g/kg)	CF (%)	NDF (%)	ADF (%)	Ash (%)	Ca (%)	P (%)
初花期[a]	18.6	16.3	25.9	37.4	28.9	11.6	3.25	0.18
初花期[b]	22.24	/	25.10	/	/	/	/	

注：CP 为粗蛋白，EE 为粗脂肪，CF 为粗纤维，NDF 为中性洗涤纤维，ADF 为酸性洗涤纤维，Ash 为粗灰分，Ca 为钙，P 为磷。下同。

a 为农业农村部全国草业产品质量监督检验测试中心测定结果；

b 为农业农村部谷物及制品质量监督检验测试中心（哈尔滨）测定结果。

龙牧 809 紫花苜蓿叶

龙牧 809 紫花苜蓿花

龙牧 809 紫花苜蓿单株

龙牧 809 紫花苜蓿群体

2. 斯贝德紫花苜蓿

斯贝德紫花苜蓿（*Medicago sativa* L.'Spyder'）是 2010 年从加拿大引进，经品种比较试验，区域试验和生产试验后审定登记的抗寒性紫花苜蓿品种。由克劳沃（北京）生态科技有限公司于 2019 年 12 月 12 日登记，登记号为 562。该品种抗寒能力强，叶片较大，叶量丰富，丰产性好。多年多点区域试验表明，"斯贝德"平均干草产量均高于两个对照品种，平均增产 9.2%，平均草产量 9 705kg/hm^2，最高产量 17 670kg/hm^2。

一、品种介绍

豆科苜蓿属多年生草本植物，秋眠级 1.0。根蘖型苜蓿，侧根发达，多水平分布。茎秆直立、秆细，自然株高 90~110cm，分枝多、叶量丰富。三出复叶，叶片较大，距地面 30~40cm 高草层内小叶平均长 2.75cm，宽 1.8cm。总状花序，主枝花序平均长 3.56cm，紫色花为主。种子肾形或宽椭圆形，两侧扁，黄色至浅褐色，千粒重约 2.23g。

耐寒、耐旱、抗倒春寒能力强，在 pH 6.5~8.5 的土壤上均能生长。耐刈割能力强，再生性好，生产潜力大。抗病虫能力突出，对 6 种主要苜蓿病害都有很强的抗性。耐牧、耐机械碾压，持久性好，利用年限长。

二、适宜区域

喜温暖和半湿润到半干旱的气候条件，适应性广。在海拔3 000m以下，年降水量400～800mm，无霜期100d以上，全年≥10℃积温1 700℃以上，年平均气温4℃以上的地区均可种植。对土壤要求不严，pH 6.5～8.5的砂壤土和壤土最为适宜，也可在具灌溉条件的沙土和排灌好的黏壤土上种植，也可在土层深厚疏松且富含钙的壤土中生长。我国西北、东北及华北地区是其最适种植区域，也可在西南地区、云贵高原等地区栽培利用。

三、栽培技术

（一）选地

该品种对气候及土壤的适应性强，除过酸过碱的土壤外均可栽培。作为饲草大面积种植时应选择地势开阔平坦、地下水位大于1m，适于机械化作业的区域。进行种子生产的地块要选择气候温暖、地势开阔、通风好、光照充足、降水少有灌溉条件、土层深厚、肥力适中的地块。

（二）土地整理

斯贝德紫花苜蓿种子细小，苗期生长缓慢，容易受到杂草危害，因此，整地务必精细合理，才能为出苗、生长、发育创造良好的土壤条件。该品种是深根型植物，播前需要深翻，翻深30cm左右。在干旱的地区糖地有减少地面蒸发，蓄水保墒的功能。在气候干旱的地区和季节，镇压可以减少土壤中的大孔隙，起到保墒的作用。在耕翻后的土地上，如要立即播种，必须先进行镇压，以免播种过深不能出苗。结合整地每公顷施入农家肥 30～45t 和过磷酸钙 750kg 做底肥。不施有机肥的情况下，可施用 N－P－K 复合肥做底肥，建议用量 450～600kg/hm²。

（三）播种技术

1. 种子处理

播种前应进行根瘤菌接种，特别是在未种过苜蓿的田地更需要接种，以提高成苗率，幼苗结瘤率，而且接种后的苜蓿产草量可提高 30％，增产效果能持续两年左右，牧草的质量也有明显改善。一般根瘤菌剂接种的比例是每千克种子拌 10～12g 菌剂。

2. 播种时期

春、夏、秋均可播种，春播主要集中在 4 月中旬至 5 月末，有些地区春季特别干旱，可在早春进行顶凌播种，以利用宝贵的冻融水促进出苗。夏播主要在 6—7 月进行，夏季雨水多杂草生长较快，播前先施用灭生性除草剂消灭杂草，然后播种，要尽可能避开播后遇暴雨和暴晒，最好在雨后抢墒播种。北方地区秋播应尽早，一般在 7 月中旬至 8 月初完成播种，最晚播种时间应在 0℃低温出现前一个月，太迟不利于越冬。

3. 播种量

播种量大小因播种方式和利用目的适当调整。单播建植人工饲草地，条播用种量一般为 18～22.5kg/hm²（裸种子）、30～37.5kg/hm²（包衣种子），若土壤条件不好，如干旱地区或沙地上建植紫花苜蓿，播种量应增加 20％左右。若与无芒雀麦、多年生黑麦草等禾本科牧草混播做割草地利用，则混播比例以 4（斯贝德紫花苜蓿）∶6（无芒雀麦）为宜，播种量为其单播量的

50％～60％为宜。种子田播种量 6～7kg/hm²。

4. 播种方式

可采用条播或撒播，生长中以条播为主。条播以割草为主要利用方式的，行距 20～25cm，以收种为目的，行距 50～60cm；覆土厚度以 0.5～1.5cm 为宜。沙质土壤可略深，不超过 2.0cm，黏重土壤宜浅，以 0.5～1.0cm 成苗最佳。在土壤耕翻后立即播种时，由于土壤耕层疏松，很容易出现土壤覆土过深的现象，因此在播种前应进行镇压，使表层土壤紧实，有利于控制播种深度。撒播时可用小型手摇播种机或人工撒播，播种前将种子与细沙混合均匀。撒播后可轻耙地面或进行镇压以代替覆土措施，使种子与土壤紧密接触。

（四）水肥管理

建植当年若底肥不足，应在生长期及时追肥。每年的返青期、每茬刈割后需及时追肥，每公顷追施氮肥 30～45kg，钾肥 30～60kg，磷肥 45～75kg，肥料可使用二铵、N－P－K复合肥。在北方寒冷地区，秋季增施磷钾肥对于紫花苜蓿的越冬能起到很好的促进作用。

斯贝德紫花苜蓿虽耐干旱，但在肥水充足的条件下，可发挥其最大生产潜力。在全年生长期内，有三个重要时期需及时灌溉。①返青水：在春季土壤开始解冻时，灌返青水，利于春季植株快速生长。②刈割后灌水：每茬刈割后，待草块出地，应及时补水，此时最好结合施肥同时进行。盐碱地和干旱地区种植紫花苜蓿，刈割后灌溉尤为重要。③寒冷地区，进行冬灌是保证苜蓿安全越冬和返青的重要措施，尤其对倒春寒有很好的抵抗作用。

（五）杂草病虫防控

1. 结合整地做好杂草预防

播种前预先深翻整地，最好在秋季进行，深翻可将表层土壤中大部分杂草埋入更深的土层，杂草种子难以萌发出土；另一方面也有利于切断多年生杂草的地下根茎。播前地表杂草较多，可在播前再浅耕一次，清除已发芽的杂草幼苗。对于杂草严重，或是新开垦的生茬地，在播种前一定要做好杂草防除，否则大量杂草对苗期紫花苜蓿危害非常严重。播前通常采用化学药剂处理土壤。

2. 调整播种期

秋播最利于田间杂草控制，秋季杂草长势相对较弱，非常利于苜蓿快速出苗和生长。有些地区可采取早春顶凌播种，苜蓿较大部分杂草出苗早，可以有效抑制杂草幼苗的生长；春、夏季播种，适当增加播种量，可提高苜蓿群体生长势，增加对杂草的抑制作用。

3. 适时刈割，加强田间管理

田间杂草密度较大时，及时进行机械收割，减轻对下茬苜蓿的危害；秋季应在杂草开花结实前适时刈割，可有效控制阔叶杂草的危害。在杂草结籽前及早清除田边地头杂草，减少田间杂草种源。施用有机肥应经过充分沤制腐熟，以减少其中可萌发杂草种子的数量；合理施肥，严格控制氮肥的施入量，增加磷钾肥用量。

4. 化学除草

播前土壤处理：对于杂草危害较严重的地块，播前采用48％氟乐灵或地乐胺进行土壤封闭处理，可有效抑制土壤表层中杂草种子的萌发。

禾本科杂草茎叶处理：苜蓿苗期杂草危害较重时，可选用5%精喹禾灵100ml/亩[①]或10.8%高效盖草能40～60ml进行茎叶喷雾，可防除马唐、狗尾草、稗子等大部分禾本科杂草。

阔叶类杂草茎叶处理：对于反枝苋、灰菜、蒿等阔叶类杂草，可选用苜草净、普施特、苯达松等药剂喷施80～100ml/亩。茎叶防除宜在杂草3～5叶期及时喷药，否则难以防除。

5. 病虫害防治

病虫害防治，应以预防为主，并结合科学的田间管理与生态防治。在病虫害防治方面应遵循以下原则：杀菌剂拌种是防治种传和土传病害提高牧草种子发芽和田间出苗率的有效措施；提早刈割或放牧，减少田间侵染原的积累，可降低苜蓿再生草的发病率；适时早播、提早刈割可减轻害虫的危害。若病虫害发生较严重，可采取药剂防治。

四、生产利用

饲草利用每年可刈割3～4茬，在东北冷凉地区每年刈割2～3茬。最佳刈割期应在现蕾初期至初花期。现蕾期刈割，干草中平均粗蛋白质含量20.8%，最高可达22%以上，ADF含量29%～31%，NDF含量35%～37%，相对饲用价值大于165，饲草品质非常好。在北方寒冷地区，最后一茬刈割时间应控制在初霜期来临之前40d进行，以保证在霜冻来临之前有足够的生长时间，在根系储备足够的营养物质以备越冬利用。有些地区初霜前不宜收获，可在霜冻之后刈割最后一茬。刈割留茬高度一般5～7cm，最后一茬留茬要高，一般应达到8～10cm，若土壤沙

---

① 亩为非法定计量单位，1亩≈667m²，下同

性较大，留茬应达到 12～15cm。

收获干草时，刈割压扁保证 90％以上的茎秆被压折；宽幅刈割利于快速干燥；摊开含水量大于 50％时进行；搂草宜在含水量 40％左右进行。打捆时，草捆的安全含水量应控制在：小捆含水量低于 18％，中捆含水量低于 16％，大捆含水量低于 14％，含水量过高易引起腐烂变质，过低则叶片损失较多，品质降低。

由于新鲜牧草植株内含有皂素，家畜多食易产生鼓胀病，因此鲜草喂牛、羊、兔等家畜时应将刈割的青苜蓿经过 1～3h 晾晒，失水 15％～30％时，经铡短后再饲喂牲畜，以防牲畜消化不良或引起胀肚；鲜草饲喂猪、禽时，应补充能量和蛋白质饲料，一般与禾本科牧草搭配使用，苜蓿饲喂量可控制在 40％～60％。

斯贝德紫花苜蓿根

斯贝德紫花苜蓿叶

斯贝德紫花苜蓿花

斯贝德紫花苜蓿群体

3. 中苜9号紫花苜蓿

"中苜 9 号"紫花苜蓿（*Medicago sativa* L. 'Zhongmu No. 9'）是以 Rodeo 苜蓿、保定苜蓿和中苜 2 号等品种的优良单株（选择产量高、再生快、分枝多、叶量大、适应性好的优株）为亲本材料，通过建立无性系并相互杂交，经过三代表型混合选择育成的新品种。由中国农业科学院北京畜牧兽医研究所于 2019 年 12 月 12 日登记，登记号 563。该品种具有显著丰产性。多年多点比较试验证明，中苜 9 号紫花苜蓿较对照品种中苜 2 号平均增产 16.9%，平均干草产量 15 819kg/hm²，最高干草产量可达 22 500kg/hm²。

一、品种介绍

豆科多年生植物。株型直立，株高 85~100cm，分枝较多。直根系，根系发达。叶色深绿，叶片较大。总状花序，花浅紫色到紫色。荚果 2~4 圈螺旋形。种子肾形，黄色或棕黄色，千粒重 1.8~2.0g。

该品种返青早，再生速度快，较早熟，在河北黄骅地区从返青到种子成熟约 110d。丰产性好，产量高，在黄淮海地区干草产量平均达 15 000kg/hm²，种子产量可达 350kg/hm²。长势好，刈割后再生性好。耐寒及抗病虫较好，耐瘠性好。

二、适宜区域

适宜在黄淮海地区及其类似地区种植。

三、栽培技术

（一）选地

该品种适应性强，对土壤条件要求不是十分严格。最适宜在地势干燥、平坦、土层深厚疏松、排水条件好、中性或微碱性沙壤土或壤土、盐渍化程度低、交通便利和管理利用方便的地区种植。

（二）整地

整地的主要目的是清洁地面（除草、灭茬）、松土、肥土混合均匀、整平地面等。播前需进行地表清理，主要是灭茬灭草和清理地面杂物，对前茬作物的残留秸秆和杂草等可用旋耕机进行粉碎处理；深耕翻，耕翻深度 30～50cm；碎土耙平，耙碎土块，使土壤成为细颗粒状，平整地表，压实表土；播前镇压，耕翻、碎土后土壤的需要镇压紧实，以脚踩上后下陷 0.5～1cm 为宜。

（三）播种技术

1. 种子处理

在初次种植首蓿的地块，播种前要用根瘤菌剂拌种。接种后应及时播种，防止太阳曝晒。在病虫多发地区，为防治地下害虫，可用杀虫剂拌种；防治病害，可根据具体病害类型用杀菌剂拌种，但接种了根瘤菌的种子不能再进行药剂拌种。在大面积播种前按种菌比（50～100）：1 的比例，将种子与根瘤菌剂混合均匀后播种。

2. 播种期

在黄淮海及华北地区最佳播种时间在 3 月底至 4 月初或 8 月中旬至 9 月初，这样可有效避免苜蓿苗期的杂草危害。

3. 播种量

根据播种方式和利用目的而定。单播时，以刈割为利用目的，若条播，播量为 22.5～30kg/hm²，若撒播，播种量适当增加 30%～50%；以收获种子为目的，条播时，播种量为 4.5～7.5kg/hm²，撒播时播种量适当增加。

4. 播种方式

条播。以割草为主要利用方式的，行距 10～15cm，以收种子为目的时，行距为 70～80cm。

5. 播种深度

采用"深开沟、浅覆土"的播种方式，开沟深度为 3cm 左右，覆土 1cm 左右。

6. 播后镇压

苜蓿覆土很浅，一般 1cm 左右，播种后要及时镇压，以利保墒和出苗。

（四）灌溉

灌溉是达到苜蓿高产、稳产、优质目标的重要措施。

1. 灌溉量

灌溉原则是"少次多量，灌足灌透"。黄淮海及华北地区苜蓿灌溉量 200～400mm，大体由东南向西北逐渐增加。

2. 灌溉时期

灌溉的关键期是播种、苗期、分枝期、刈割后、入冬前和返青后。在各时期如无有效降水，应及时进行灌溉。冬灌时应掌握"夜冻日消，灌足灌透"的原则，适宜温度是白天气温 10℃左右，夜间 0℃左右。在每次刈割后结合追肥及时灌水一次，有利于再生草的生长。

3. 灌溉方式

有地面漫灌、喷灌、滴灌等，大田生产中采用喷灌较好，更适合机械化收获。

（五）施肥

施肥有利于增加苜蓿产量。

1. 测土配方施肥

根据苜蓿需肥规律、不同土壤的养分状况和目标产量，来确定最佳的施肥方案。如在河北沧州和山东东营适宜的施肥量为 P_2O_5 60kg/hm^2＋K_2O 180kg/hm^2 产量最高，较不施肥分别增产 12.9％和 15.0％。

2. 有机肥

有机肥包括粪尿为主的厩肥，植物残体为主的沤肥，以及商品有机肥。施用有机肥 45～75m^3/hm^2，结合整地施入。

3. 氮肥

每次刈割后为促进再生草的生长，也可结合浇水少施速效氮肥（如尿素 5～10kg/亩）。在播种时可用颗粒状的二铵做种肥，用量为种子重量的 1～2 倍。

4. 磷肥

磷肥做底肥时宜在播种前施用，施过磷酸钙或重过磷酸钙 750～1 500kg/hm^2，结合深翻耕作业均匀混入耕作层土壤中。深度 10～15cm，条施于种子下面效果最好。也可酌情于秋季追施磷钾复合肥，施用量为 225～300kg/hm^2。

5. 钾肥

宜在秋季追施钾肥，如氯化钾，施用量为 $150\sim225\text{kg/hm}^2$。

6. 水肥一体化

将可溶性固体或液体肥料，配兑成的肥液与灌溉水一起，通过可控管道系统和滴头形成喷灌，均匀、定时、定量喷施。

（六）杂草防除

播前可喷施土壤处理剂—氟乐灵，用量 $1\,500\sim2\,250\text{ml/hm}^2$，可防止大多数一年生禾本科杂草萌发。在苜蓿苗期杂草株高 10cm 以下时，可叶面喷施茎叶处理剂苜草净，亩用量 $1\,500\sim2\,250\text{ml/hm}^2$，可防治大多数一年生禾本科杂草和部分阔叶杂草。

四、生产利用

该品种是优质的豆科牧草，饲草品质好，适口性好。据农业农村部全国草业产品质量监督检验测试中心检测，初花期（以干物质计）粗蛋白含量 18.69%，粗脂肪含量 1.99%，粗纤维含量 29.19%，粗灰分 9.45%，无氮浸出物 33.7%。

在黄淮海及华北地区种植的苜蓿，春季第一茬长势好、产量高、无杂草，能收获最理想的商品干草；夏季多阴雨天气，第二、三茬收获干草遇雨淋风险很大，最好做鲜草或半干青贮利用。

在北方适宜作割草地利用，在现蕾末期或始花期刈割，可获得最佳营养价值和较高的产量，留茬高度 $3\sim5\text{cm}$，每年可刈割 $4\sim5$ 次，最后一次刈割在入冬前 40d，留茬高度 10cm，以利越冬。可青饲、青贮或调制干草。在北方多调制成干草贮藏，在雨季主要作为鲜草利用或青贮储藏。饲喂鲜草时要控制牛、羊饲喂量，以免引起臌胀病；猪、鸡、鸭、鹅可直接采食或与精饲料混合饲喂。青贮时要在刈割后将鲜草晾晒，使其含水量在55％左右再进行青贮。青贮时添加乳酸菌或酸化剂，有助于青贮成功。

中苜9号紫花苜蓿群体

中苜9号紫花苜蓿荚果

中苜9号紫花苜蓿花

中苜9号紫花苜蓿叶片

4. 晋农1号达乌里胡枝子

晋农 1 号达乌里胡枝子［*Lespedeza davurica*（Laxm.）Schindl. 'Jinnong No. 1'］是以太行山野生达乌里胡枝子为原始材料，经过两轮混合选择，从野生群体中选出叶量丰富、主枝较长、分枝数较多、结荚多且饱满、综合性状优良单株混合选育而成。由山西农业大学于 2014 年 5 月 30 日登记为育成品种，登记号 466。多年多点比较试验证明，晋农 1 号达乌里胡枝子平均干草产量 7 331kg/hm²，最高年份干草产量7 695kg/hm²。

一、品种介绍

豆科胡枝子属多年生草本状半灌木，主根直立，侧根发达，具根瘤，根多分布于 0～30cm 土层。茎斜生，茎上有柔毛，主枝长 70～110cm，一级分枝 6～13 个簇生，株高 40～95cm 左右。叶表面无毛，背面伏生短柔毛。羽状三出复叶，小叶披针状长圆形，先端圆钝，有 0.1～0.2mm 的短刺尖，基部圆形，全缘，中间叶片长 2～3cm，宽 0.8～1.4cm。总状花序，腋生，花萼筒状，萼齿 5，披针形，几与花瓣等长，有白色柔毛；蝶形花冠，花冠黄白色至黄色。荚果 5～13 个簇生，单个荚果小而扁平，包于宿存萼内，倒卵形或长倒卵形，长约 4mm，宽约 2mm，伏生白色柔毛，内含 1 粒种子；种子卵形，长约 2mm，光滑，绿黄色或褐色，千粒重 2.0g。

该品种适应性广，喜温耐旱，更耐瘠薄。种子耐受最低发芽温度为 3～5℃，适宜发芽温度 15～20℃。成年植株喜半干旱半湿润气候，最适生长环境温度 15～25℃，幼苗和成株能耐受－5℃的霜冻，在－20℃的低温条件下一般都能越冬。气温超过30℃生长速率开始降低，耐最高温可达 40℃。对土壤要求不严，除重黏土、过酸过碱的土壤及低洼内涝地外，其他土壤均能种植，最适土壤 pH 7～8。在生长期间最忌积水，种植地块要求排水良好，且地下水位应在 1m 以下。

在山西中部 4 月中旬返青，返青初期生长缓慢，4 月下旬至5 月上旬进入分枝期，分枝后期生长加快，7 月中下旬现蕾，7月下旬至 8 月下旬开花，9 月下旬至 10 月上旬种子成熟，生育期约 175d。

二、适宜区域

我国黄土高原、内蒙古高原、华北地区和中原地区均可栽培，最适宜在≥10℃年积温 1 700～4 500℃及年降水量在 300～700mm 的地区种植。

三、栽培技术

（一）选地

该品种适应性较强，对生产地要求不严，农田和荒坡地均可栽培；大面积种植时应选择较开阔平整的地块，以便机械作业。进行种子生产的产地要选择光照充足、利于花粉传播的地块。

（二）土地整理

种子细小，出土力弱，需要深耕精细整地。播种前清除生产地残茬、杂草、杂物，耕深要达 20cm 以上，耕后耙耱，做到地平土碎，以利幼苗生长。杂草严重时可采用除草剂处理后再翻耕。在降雨较多的地区，土壤酸度和盐碱地较大的地块不适宜种植。作为刈割草地利用时，在翻耕前每公顷施基肥（农家肥、厩肥）30 000～45 000kg，或磷酸二铵 150～300kg。

（三）播种技术

1. 种子处理

带壳种子需要去壳以利播种和萌发，用石碾掺粗砂碾去壳，或用去壳机去掉壳。播种前用石碾拌粗砂擦伤种皮，或用温水浸泡 5～6h，或用浓硫酸处理 5min 后立即冲洗同样可打破硬实。播种前要用豇豆族或胡枝子族根瘤菌剂拌种，也可取老茬胡枝子属耕作层 10～20cm 湿土 20～30kg 拌种，接种后应及时播种，防止太阳曝晒。在病虫多发地区，为防治地下害虫，可用杀虫剂拌种；防治病害，可根据具体病害类型用杀菌剂拌种，但接种了根瘤菌的种子不能再进行药剂拌种。

2. 播种期

春播、夏播和秋播均可，春播应在土壤最低温度稳定在 5℃以上后抢墒播种，夏播在雨季来临后播种，秋播在早霜到来45～60d 前播种。种子发芽要求温度较低、苗期较耐寒，可早期播种，土壤刚解冻，土壤水分条件较好，随着温度提高种子就可萌发出土。在春季风沙大，气候干旱又无灌溉条件的地区宜夏播或雨季播种。春播最佳时期一般为 4 月上旬至 5 月上旬，秋播最晚为 8 月中旬。在干旱地区旱作栽培，最迟不得晚于 7 月下旬。在荒草地种植，最好清除杂草后再播种。

3. 播种量

根据播种方式和利用目的而定。单播时，以刈割为利用目的，若条播，播量为 22.5～30kg/hm² ，若撒播，播种量适当增加至 30～37.5kg/hm² ；以收获种子为目的，条播时，播种量为 7.5～15kg/hm² 。常与禾本科草无芒雀麦（*Bromus inermis* Leyss.）、老芒麦（*Elymus sibiricus*）、本氏针茅（*Stipa bungeana*）等牧草混播。

4. 播种方式

可采用条播或撒播，生产中以撒播为主。条播时，以割草为主要利用方式的，行距 30～40cm，以收种为目的时，行距 60～80cm；覆土厚度以 2～3cm 为宜，沙性土壤不超过 3cm，黏性土壤要控制在 2cm 以内。干旱多风地区播后要及时进行镇压。人工撒播时可用小型手摇播种机播种，也可将种子与细沙混合均匀，直接用手撒播。撒播后可轻耙地面或进行镇压以代替覆土措施，使种子与土壤紧密接触。

（四）水肥管理

生长期适时追肥，追肥以磷肥、钾肥为主，一般追施磷肥（P_2O_5）45～60kg/hm² ，钾肥（K_2O）60～75kg/hm² 。追肥在返青或收割后条施或穴施，有灌溉条件的地方最好结合灌溉进行。

在旱作条件下栽培，但有灌溉条件的地块可提高产量。灌溉方式喷灌、漫灌均可。灌水量 1 200～2 400m³/hm²，每年灌溉次数 2～4 次。播种前、苗期（返青期）、收割后和越冬前可视土壤墒情进行灌水。同样，在多雨季节，要及时排水，防治涝害发生。

（五）病虫杂草防控

达乌里胡枝子病害较少，但早春雨后潮湿时，易发生白粉病和锈病。虫害主要有古毒蛾、金龟子、草地螟、豆象、蚜虫等，可用广谱类低毒、低残留药剂进行喷洒；地下害虫蛴螬对根具有危害，可用饵料进行诱杀。

达乌里胡枝子苗期生长缓慢，易受杂草危害，夏、秋季节也易受杂草侵袭。因此，苗期（返青期）及每次收割后也应注意杂草防除。除草剂要选用选择性清除单子叶植物的一类药剂。对于一年生杂草，也可通过及时刈割进行防除。

四、生产利用

该品种是优质的豆科牧草，最好在现蕾、开花期以前刈割利用，开花后茎秆木质化影响其饲用价值。达乌里胡枝子最佳收割时期一般在现蕾期至初花期。越冬前最后一次收割时间应控制在停止生长或霜冻来临前的 45d，有利于越冬和第二年高产。刈割留茬一般为 7～8cm，越冬前最后一次刈割留茬大于 10cm。春播当年可收割 1 次，夏播、秋播当年不收割。从第二年开始每年可收割 2～3 次。收割次数与无霜期密切相关。

可青饲、青贮或调制干草。达乌里胡枝子为刈割和放牧兼用型牧草，一般第一茬收割调制干草，再生草以放牧牛、羊为主。山地地区以放牧利用为主，草地建植第一年和第二年应轻度放牧，第三年后可适当增加放牧强度，但严禁过牧。第一次放牧的适宜时间在分枝到现蕾期，以后各次应在草层高约 15～20cm 时放牧。青贮添加青贮添加剂（玉米粉、糖蜜有机酸、乳酸菌剂、酶制剂等）经过 45d 的发酵后方可饲喂利用，饲喂时最好与精料、玉米青贮饲料和干草进行混合。青贮时要在刈割后将鲜草晾晒，使其含水量在 65％左右再进行青贮。

晋农 1 号达乌里胡枝子主要营养成分表（以风干物计）

生育期	CP (％)	EE (g/kg)	CF (％)	NDF (％)	ADF (％)	Ash (％)	Ca (％)	P (％)
初花期[a]	15.3	29.2	29.1	51.3	33.7	6.5	1.19	0.25
初花期[a]	14.0	12.0	32.6	56.3	41.5	4.5	0.88	0.32
分枝期[b]	21.9	19.3	31.26	44.8	32.4	4.3	1.17	0.44
现蕾期[b]	17.7	17.5	34.26	55.9	42.2	4.7	0.92	0.48
开花期[b]	16.3	18.9	35.04	60.5	47.9	3.7	1.15	0.32

注：a 为农业农村部全国草业产品质量监督检验测试中心连续 2 年测定结果；
　　b 为山西农业大学草业科学系测定结果。

晋农 1 号达乌里胡枝子根

晋农 1 号达乌里胡枝子叶

晋农 1 号达乌里胡枝子花

晋农 1 号达乌里胡枝子果实

5. 金江蝴蝶豆

金江蝴蝶豆（*Centrosema pubescens* Benth. 'Jinjiang'）是由中国热带农业科学院热带作物品种资源研究所和海南大学联合申报通过审定登记的地方品种，登记号 560。该品种具有丰产性，草质柔软，叶量丰富。适应性强、适口性好、营养价值高，是优良的高蛋白青饲料，可作为牛、羊等草食动物的青饲料，也可晒制成优质干草或加工成草粉利用。因其较耐荫蔽，抗旱性强，是优良间作套种的豆科牧草，也是热带地区果园和经济林下优良地被覆盖作物。

一、品种介绍

1. 植物学特征

金江蝴蝶豆为豆科距瓣豆属缠绕性草质藤本，茎纤细，长 1～4m，稍有分枝，植株各部分被柔毛；叶为羽状复叶，具叶柄，叶柄长 4.5cm，叶片近秃净；小叶 3 片，椭圆形或卵形。薄纸质，长 5～7cm，宽 3.5～5cm，中间叶片较大，顶端急尖或短渐尖，基部钝或圆，两面薄被柔毛，背面较密，具线形小托叶。总状花序有花 3～4 朵，总花梗长 2.5～5cm；萼管长约 3mm，裂齿不相等，上部二枚急尖，侧边二枚披针形，约与萼管等长，下部一枚线形，长达 6.5mm；花冠淡紫色，旗瓣背面密被柔毛；荚果长 10～13cm，宽约 5mm，顶端渐尖，而且有直而细长的喙；喙长 12～15mm；种子棕绿色，具条纹斑驳，呈扁平状，种子千粒重 23.4g。

2. 生物学特性

金江蝴蝶豆适于年降水量 1 000mm 以上的潮湿或中等潮湿的热带地区种植，对土壤要求不严，能在沙质至黏质的各种土壤上生长良好，肥沃而湿润的土壤上生长尤为旺盛。以 pH 4.9～5.5 最好，不耐瘦瘠、耐寒能力差、不耐水浸，抗旱能力强，较耐荫蔽。

金江蝴蝶豆早期生长缓慢，种植初期分枝较少，3～4 个月后分枝开始增多，以后生长较快，种植一年后的蝴蝶豆，其覆盖厚度达 40cm 以上，耐刈割，每年刈割 4～6 次。在海南 5—10 月为生长旺季，若 10 月以后刈割，再生长速度会缓慢，生长量低，叶片变小。花期 10—11 月，种子成熟期为次年 1—2 月。在搭架供其攀缘的情况下，开花结实多，种子产量高，每公顷种子产量为 750～1 500kg。

二、适宜区域

蝴蝶豆在降水量 1 000mm 以上的地区，肥沃而湿润的土壤上生长最好，尤适于砂质土壤。适应于干燥条件，抗旱能力强。较耐荫蔽。蝴蝶豆早期生长缓慢，种植后 3～4 个月分枝才开始增多，以后生长转快，种植 1 年的金江蝴蝶豆，其覆盖厚度达 40cm 以上。在海南、广东、广西、云南等省（区）表现最优，适合用于草地改良、刈割青饲和胶园、果园间作覆盖利用。

三、栽培技术

(一) 选地

该品种对生产地要求不严，农田和荒坡地均可栽培；大面积种植时应选择较开阔平整的地块，以便机械作业。进行种子生产的产地要选择光照充足、利于花粉传播的地块。

(二) 整地

需要深耕精细整地。播种前清除生产地残茬、杂草、杂物，耕翻、平整土地；杂草严重时可采用除草剂处理后再翻耕。在土壤黏重、降雨较多的地区要开挖排水沟，土壤酸度较大时，要通过施石灰调整土壤 pH，以利于根瘤形成。作为刈割草地利用时，在翻耕前每公顷施基肥（农家肥、厩肥）15 000～30 000kg，过磷酸钙 600～750kg。

(三) 播种技术

1. 种子处理 种子休眠主要是种子硬实所致，因此采用种子硬实处理技术，蝴蝶豆种子发芽率高，用 70℃热水浸种 2～3min，可明显提高发芽率，缩短发芽时间，并使出苗整齐。

2. 播种期 一般 3～5 月播种，最晚不超过 8 月。

3. 播种方式 种前应注意施足基肥，每公顷施磷肥 75～150kg，有机肥 4 500～7 500kg。常采用撒播或条播，条播行距 30～40cm，播种深度 1～2cm，自然覆土，撒播时将蝴蝶豆种子、磷肥、细土或老草地采集的细土按比例混合均匀，然后撒播，一般来回重复播种一次，以防漏播或播种不匀。此外，还可用插条进行无性繁殖，但要选接触阳光较多而且粗壮的茎作插条，每段插条长 30cm，含 2～3 个节，先在苗圃按 10cm×20cm 的株行距直插育苗，插苗时需有一个节露在地面，待长根抽芽后再移到大田种植。种植初期宜除草管理，以后每年追施磷肥 150～225kg/hm²。

4. 播种量 人工草地建植时，种子播种量 2.5～3.5kg/hm²。用作覆盖作物时，播种量为 2.5～5kg/hm²；在橡胶园下的播种量为 1.0～2.0kg/hm²。

5. 刈割利用 较适合用作果园覆盖。一般人工草地建植 2 个月以后方可放牧利用，适于轮牧，轮牧间隔期 6～8 周。刈割利用时，年刈割 3～4 次，刈割高度 30～50cm。

6. 种子生产 种子生产时，种子生产田采用育苗移栽法，即将种子播于整地精细的苗床，经常淋水保湿，50～60d 后移栽，选阴雨天定植，移栽前用黄泥浆根可明显提高成活率。种子田株行距 80cm×80cm 或 100cm×100cm，每穴播种 3～4 粒，由于其生长初期生长缓慢，因而及时除草管理。在搭架供其攀缘的情况下，开花结实多，种子产量高，每公顷种子产量为 750～1 500kg。常采用人工法收种。

四、生产利用

金江蝴蝶豆茎叶柔软，生长 18 个月仍未木质化，适口性好，叶量丰富，产量高，营养价值高，家畜习惯后适口性较好，是优良的高蛋白质青饲料，可作为牛、羊、猪、禽、兔等各种家畜和家禽的青饲料，也可晒制成优质干草或加工成草粉利用。在降水量高的地区，金江蝴蝶豆是高产豆科牧草，且与热带重要的禾本科牧草兼容性好，可以建植持久耐牧的草地，可分别与珊状臂形草、俯仰臂形草等禾草建设混播草地。

5. 金江蝴蝶豆

在热带农业生产系统中，金江蝴蝶豆是一种多功能的豆科牧草，适合用于间作作物在果园、幼龄胶园等种植园间作和覆盖地面，于表土层形成稠密的根网，在防止冲刷、崩塌、护坡固沟、保护堤岸、路基等方面有显著作用，加之强大根系上根瘤的固氮作用，使土壤中的有机质和氮素肥料增加，改良土壤结构有很大的作用，可作为改造瘠薄荒山和石质山地造林绿化的先锋植物，在沙地能防风固沙。我国热带地区是高温多雨的气候，水土流失严重，如在山坡、草地、沟谷、林地等处大量种植，可获得水土保持的良好效果，在短期内就可取得良好的生态效益。由于它具有长势好，较耐荫蔽，抗旱能力强，覆盖密等优点，特别宜于在果园、幼龄胶园及椰子园等种植园中间种作为覆盖植物。

金江蝴蝶豆主要营养成分表（以风干物计）

单位:%

生育期	DM	OM	CP	CF	EE	NFE	Ca	P
营养期	20.20	90.08	23.30	30.20	2.61	32.38	1.19	0.40
成熟期	15.80	92.18	17.63	30.73	2.56	40.38	0.69	0.19

注：DM为干物质，OM为有机物，NFE为无氮浸出物，其他含义同前。下同

金江蝴蝶豆叶

金江蝴蝶豆花

金江蝴蝶豆果实

金江蝴蝶豆果实

6. 热研 24 号圭亚那柱花草

热研 24 号圭亚那柱花草（*Stylosanthes guianensis* Sw. 'Reyan No. 24'）是热研 2 号圭亚那柱花草经过返地式卫星搭载，采用诱变育种和人工选择相结合的方法，经过单株选择，株系鉴定等手段选育而成的新品种，由中国热带农业科学院热带作物品种资源研究所于 2019 年 12 月 12 日登记，登记号 564。该品种具有较强的耐酸铝性。通过水培及土培耐铝性评价试验表明，热研 24 号圭亚那柱花草的存活率、根长、根系干重、株高、地上部干重均显著优于对照，综合评价表明热研 24 号柱花草的耐铝性强于对照。

一、品种介绍

豆科柱花草属，多年生半直立亚灌木，高 1.0～1.5m。主茎不明显，分枝多，长 0.5～2m，丛生，茎半匍匐，茎粗 0.2～0.3cm。主根发达，深达 1m 以上。叶为羽状三出复叶，小叶披针形，中央小叶较大，长 3.0～3.9cm，宽 0.5～0.8cm。花序顶生或腋生，成小簇着生于茎上部或叶腋中，花 2～40 朵，蝶形花冠，旗瓣橙黄色。荚果小，褐色，卵形，长 2.0～3.0mm，宽 1.4～1.6mm，具 1 粒种子，种子肾形，浅褐色，长 2.0～4.0mm，宽 1.1～1.5mm，千粒重 2.916g。

热研 24 号柱花草喜潮湿的热带气候，适生于北纬 23°以南，

年平均温度 19~30℃，年降水量 1 000mm 以上的地区。最适生
长环境温度 25~28℃，15℃时仍能继续生长，10℃时停止生长，
0℃时叶片受冻脱落，-2.5℃时受冻枯死。开花期若温度低于
19℃，种子产量便受到严重影响。

对土壤的适应性广泛，适应各种土壤类型，尤耐酸性土壤
（pH 4~7）和低磷土壤；耐旱能力强，但不耐水淹，不宜种在
低洼积水地。

柱花草种植一般选在 5—7 月雨季来临前，播种 5~6 个月即
可形成良好的覆盖，10 月下旬开花，11 月中旬至 12 月初为盛花
期，12 月至翌年 1 月种子成熟。

二、适宜区域

适于年降水量 600~1 800mm，无霜冻、排水良好的沙壤土
生长。海南、广东、广西，以及云南、福建、四川等部分地区均
可种植。

三、栽培技术

（一）选地

该品种适应性较强，对土壤要求不严，农田和荒坡地均可
栽培；大面积种植时应选择较开阔平整的地块，以便机械
作业。

（二）土地整理

种子细小，需要深耕精细整地。播种前清除生产地残茬、杂
草、杂物，耕翻、平整土地；杂草严重时可采用除草剂处理后再

翻耕。在土壤黏重、降雨较多的地区要开挖排水沟。作为刈割草地利用时，在翻耕前每公顷施基肥（农家肥、厩肥）15 000～30 000kg，过磷酸钙 600～750kg。

（三）播种技术

1. 种子处理

柱花草种子外壳坚硬，种皮外表有一层蜡状角质层，不易出苗，因此，在播种前，必须对种子进行处理。

目前生产上常用且经济便捷的方法是热水浸种，即将种子放入 80℃热水中浸泡 3～5min，捞起晾干。此法可在短时间内，使种子表面蜡质层脱落，外壳变软，易吸水膨胀，从而提高种子发芽率。一般上午处理种子，下午播种。

有条件的地区，在播种前还可以将处理后的种子用根瘤菌剂拌种，这样不仅可防止植物缺氮，促进柱花草生长，也可减少柱花草对土壤氮素的吸取，利于恢复和提高土壤肥力。

2. 播种期

播种期的确定，主要考虑温度、水分及利用目的，在海南地区，全年温度较高，因此，水分成为播种期的决定因素。海南西部地区，降水量低，一般在 6—7 月雨季来临时播种为宜，中部地区以 5～6 月播种为佳，东部地区则可常年播种。

3. 播种量

根据种子的发芽率及纯净度确定合理的播种量，播种量过大，密度大，会使植株纤细，生长不良。反之，播种量不足，覆盖地面时间长，杂草滋生，影响牧草产量。因此，必须根据不同情况确定合理的播种量，才能获得良好的经济效益。一般情况下，直播的播种量为 7.5～15.0kg/hm^2；育苗移栽的播种量为 1.5～2.25kg/hm^2。

4. 播种方式

可采用条播或撒播，生产中以撒播为主。条播时，以刈割鲜草为主要利用方式的，行距 40～50cm，以收种为目的时，行距为 50～60cm；覆土厚度以 0.5～1.0cm 为宜。撒播时，可将种子与细沙混合均匀（细沙量约为种子量的 5 倍），用小型手摇播种机播种，或直接用手撒播，撒播后可轻耙地面或进行镇压以代替覆土措施，使种子与土壤紧密接触。

（四）田间管理

播种后 1～1.5 个月时可根据苗情及时追施苗肥，使用尿素或复合肥，施量 60～75kg/hm²，可撒施、条施或叶面喷施。柱花草同其他豆科牧草一样，有固氮功能，只要土质不要太差，根系生长良好，一般不用施氮肥，但要施用磷肥和钾肥，一般每年使用过磷酸钙 250～450kg/hm²，钾肥 150～250kg/hm²。

种植几年的柱花草草地，要测定土壤的 pH 的变化，如果土壤 pH 低于 5.5 时，宜施用石灰 450～600kg/hm²，以中和土壤酸度，使之更适于柱花草的生长。

（五）病害防治

常见病害主要有炭疽病。炭疽病多发生在阴雨天及台风后，可侵染幼株和成株，因此，阴雨天气频繁时，要及早喷施 0.2%多菌灵溶液，喷药一般在上午进行，从下风处开始，喷嘴与植株的垂直距离在 0.5m 以上，以免引起病害。

四、生产利用

该品种是优质的豆科牧草，茎叶幼嫩，适于牛、羊等牲畜鲜食。据农业农村部全国草业产品质量监督检验测试中心检测，分枝期（以干物质计）粗蛋白含量 13.2%，粗脂肪含量 1.59%，粗纤维含量 32.0%，中性洗涤纤维含量 46.9%，酸性洗涤纤维含量 37.4%，粗灰分 6.20%，钙含量 0.91%，磷含量 0.11%。

第一次刈割的时间，因土壤、气候、施肥等条件的不同而异，一般在播种后 6~7 个月，或移栽后 4~5 个月，草层高度达 90~100cm 时进行第一次刈割，留茬高度 30cm，每年可刈割 2~4 次。以后雨季每 3 个月刈割 1 次，旱季 4~5 个月刈割 1 次，但每年在进行首次刈割时，应在 5—6 月进行，刈割过早，会影响其再生能力。每年最后一次刈割也应适当提前，一般不宜超过 10 月底。

可青饲、青贮或调制干草。在雨季，主要作为鲜草利用为主，也可青贮后于旱季饲喂，牛、羊饲喂时，应配之以 60%~70% 的禾本科牧草，以免引起腹胀病；猪、鸡、鸭、鹅饲喂时，应割取植株幼嫩部分切成小段饲喂。利用草粉调制配合饲料，可提高猪的日增重，种禽的产蛋率、受精率和孵化率等，因此，饲养畜禽，添加比例尤为重要，试验结果表明，柱花草草粉在畜禽日粮中适宜的添加比例为：鸡 5%~10%，鸭 8%~12%，鹅 15%~25%，猪 10%~15%，兔 30%~40%。

热研 24 号圭亚那柱花草主要营养成分表（以风干物计）

生育期	CP (%)	EE (g/kg)	CF (%)	NDF (%)	ADF (%)	Ash (%)	Ca (%)	P (%)
分枝期[a]	13.2	1.59	32.0	46.9	37.4	6.20	0.91	0.11
分枝期[b]	16.19	1.55	29.88	/	/	6.64	0.64	0.14

注：a 为农业农村部全国草业产品质量监督检验测试中心测定结果；
　　b 为中国热带农业科学院热带作物品种资源研究所测试中心测定结果。

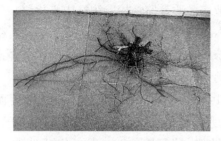

热研 24 号圭亚那柱花草根　　　热研 24 号圭亚那柱花草茎

热研 24 号圭亚那柱花草叶　　　热研 24 号圭亚那柱花草花

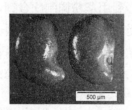

热研 24 号圭亚那柱花草种子　　　热研 24 号圭亚那柱花草群体

7. 太行白羊草

太行白羊草（*Bothriochloa ischaemum* 'Taihang'）是由山西农业大学驯化选育的野生栽培新品种，于 2019 年 12 月 12 日经全国草品种审定委员会登记，登记号 568。该品种以山西省太谷县野生白羊草为材料，在田间栽培条件下采用两轮混合选择法，筛选出叶量丰富、分蘖数较多，植株较高，品质较好的优良单株，经过系列栽培驯化选育而成。该品种具有抗旱、耐贫瘠、叶量大、营养丰富、牧草产量高等特点，既可作为栽培草地的草种，又可作为退化草地改良及草地植被恢复与重建的牧草新品种。多年多点区域试验证明，在大田旱作条件下，太行白羊草比对照平均增产 20％～24％，平均干草产量为 5 700～9 000kg/hm²，平均种子增产 17％左右，平均种子产量为 170～230kg/hm²。

一、品种介绍

太行白羊草为禾本科孔颖草属多年生草本植物，具耐旱、耐瘠薄、耐牧、分蘖力强等优点，属于优质牧草及水土保持植物。疏丛型，高 70～105cm；须根系；茎丛生，长 45～80cm，具短根茎；叶线形，长 6～30cm，宽 2～7mm，淡绿色，叶鞘无毛，叶舌膜质；总状花序，长 4～8cm，深紫色；颖果，梭形，4～5mm；

种子小（4mm×1mm），棕褐色，千粒重 0.71g。

该品种为典型喜暖的中旱生上繁禾草，种子耐受最低发芽温度为 7℃，适宜发芽温度 15～25℃，适宜在≥10℃年积温 2 600～4 300℃、年降水量 300～800mm 地区生长，最适生长环境温度 20～35℃，幼苗和成株能耐受－8℃的霜冻。气温超过 43℃时生长受阻。在华北及中原地区，海拔 1 850m 以下的暖温带低山丘陵地、山区及平川农区生长良好，适宜土壤类型为壤土、褐土、黏土、石质土等，尤以石灰岩山地阳坡最为适宜。在排水良好而肥沃的壤土或黏壤土上生长，在轻沙质土壤也能生长，在盐碱土和酸性土壤中表现较差，在强碱或强酸性土壤中不能生存。

在华北及中原地区春播最适宜，一般 4 月中旬萌发，6 月份之后产量猛增，8 月份草产量达到峰值，8 月上中旬开花，8 月下旬果实即已成熟，10 月中旬开始枯萎，生育期约 150～200d。

二、适宜区域

适宜在暖温带干旱、半干旱及半湿润地区种植，在≥10℃年积温 2 600～4 300℃、年降水量在 300～800mm、无霜期 140～220d 的地区生长最为良好。在我国辽宁、河北、山西、陕西、山东、湖北、安徽等省份均可栽培利用，但主要适宜生长在华北及中原地区的低山丘陵和黄土高原上，可以作为华北南部、华中北部山区放牧场的主要牧草种类。

三、栽培技术

（一）选地

该品种适应性较强，对土壤要求不严格，选择排水良好、土层深厚、中性或微碱性沙壤土或壤土地块均可栽培。大面积种植时应选择较开阔平整的地块，以便机械作业。进行种子生产的产地要选择光照充足、利于花粉传播的地块。

（二）土地整理

翻耕前清除杂草、石块等杂物，耕地深度应在 20cm 以上，耕后耙平，要求地面平整，土块细碎细匀，无根茬，无坷垃，耕层达到上虚下实。春旱地区利用荒废地种白羊草时，土壤要秋翻，来不及秋翻的要早春翻，以防失水跑墒。水浇地翻后播前灌足底墒。结合整地施用基肥，基肥应以农家肥为主，以化肥为辅。农家施用量 22 500～37 500kg/hm^2。化肥施氮肥（N）60～100kg/hm^2，磷肥（P$_2$O$_5$）105～225kg/hm^2。

（三）播种技术

1. 种子处理

将刚收获的带芒种子倒入容器中，用足量的水充分浸泡 5～10min 后捞出控净水分，然后放在－20℃冷冻 30min 后，取出用有弹性的细枝条反复敲打，即可脱芒。再将脱芒种子置于容器中，常温下用水浸泡并充分搅拌，5～10min 后，捞出容器底部的饱满种子沥干水分摊晒至风干，用电风扇的微风除去尘埃，即可得到干净而饱满的种子。

2. 播种期

春播、夏播和秋播均可。在土壤水分适宜或有灌溉条件下播种，干旱地区旱作栽培，或雨季抢墒播种，最迟不得晚于 8 月上旬。春播、夏播和秋播均可。春播应在土壤耕作层温度稳定在7～8℃以上后抢墒播种，适宜时期一般为 4 月下旬至 5 月中旬；夏播在雨季来临后播种；秋播在早霜到来 50～60d 前播种，适宜时期为 8 月中旬至 9 月初。

3. 播种量

放牧和割草田播种量 12～15kg/hm²，收种田 9～12kg/hm²。

4. 播种方式

播种方式单播、混播均可，播种方法以条播为主，撒播为辅。人工放牧和割草田多采用窄行条播，行距 30～40cm；收种田采用宽行条播，适宜行距 50～60cm。播种深度为 2～3cm，播后覆土及时镇压。可与紫花苜蓿（*Medicago sativa*）、达乌里胡枝子（*Lespedeza davurica*）、沙打旺（*Astragalus adsurgens*）、扁蓿豆（*Melissitus ruthenica*）、山野豌豆（*Vicia amoena*）等豆科牧草混播，同行播种、间行播种、交叉播种均可。

（四）水肥管理

在拔节期、孕穗期或刈割后追施氮肥，追施相当于纯氮的氮肥 75～105kg/hm²，追肥最好是刈割后结合灌水进行，有条件地区可在返青期、入冬前或每次刈割后各灌水 1 次。灌水量 1 500～1 800m³/hm²，每年灌水 3～4 次，返青水和越冬水为必浇。灌溉方式喷灌、漫灌均可。

（五）病虫杂草防控

该品种病害较少，如有发生可及时采用化学方法防治，也可尽早将病株清除。虫害主要有蚜虫、叶蝉等，可用低毒、低残留药剂进行喷洒；地下害虫蛴螬对根具有危害，可用饵料进行诱杀。采取化学防治时禁止使用国家明令禁止的高毒、剧毒、高残留的农药及其混配农药品种。严格遵守安全间隔期，收割前 10d 应停止使用农药。可通过增施磷、钾肥，增强抗病虫害能力，也可实行轮作倒茬，在返青前或每茬收割后及时消除病株残体，降低病虫源数量。

苗期生长缓慢，需及时进行杂草防除。混播草地及时清除有毒有害杂草；单播草地可通过人工或化学方法清除杂草。苗期（返青期）及每次收割后结合中耕、松土、追肥等措施清除杂草。采用化学方法除草时不得使用国家明令禁止的高毒、高残留化学除草剂。

四、生产利用

该品种是优质的禾本科牧草，营养成分丰富，适口性好，消化率较高，为牛羊等草食家畜所喜食。据农业农村部全国草业产品质量监督检验测试中心检测，开花期（以干物质计）粗蛋白含量8.5%，粗脂肪含量19.7%，粗纤维含量27.5%，中性洗涤纤维含量60.6%，酸性洗涤纤维含量31.9%，粗灰分含量6.3%，钙含量0.47%，磷含量0.32%。

适宜作割草地利用。收获时期以开花期为宜。春播当年可刈割1次，以后每年刈割2次，有灌溉条件的地区可刈割3次，为保证安全越冬和翌年的产草量，越冬前最后一次收获时间应在白羊草停止生长或霜冻来临前的30d。刈割留茬4~5cm。越冬前最后一次刈割留茬7~8cm。

也可作放牧地利用。可以作为暖性灌草丛类草地的建群种植物，与其他牧草组成多种优等草地，形成不同类型的四季放牧地。

太行白羊草第一次刈割草的营养成分

样品名称	H_2O （%）	CP （%）	EE （g/kg）	CF （%）	NDF （%）	ADF （%）	Ash （%）	Ca （%）	P （%）
太行白羊草	8.4	8.5	19.7	27.5	60.6	31.9	6.3	0.47	0.32

注：①数据由农业农村部全国草业产品质量监督检验测试中心提供；②各指标数据均以风干样为基础。

太行白羊草花序

太行白羊草叶片

太行白羊草幼株丛

太行白羊草种子

8. 川西短芒披碱草

川西短芒披碱草（*Elymus breviaristatus*（Keng）Keng f. 'Chuanxi'）是以四川省阿坝州阿坝县麦尔玛乡二村热曲河谷路边灌草丛采集的野生短芒披碱草为原始材料，通过单株混合选择法选育而成的野生栽培品种。由四川省草原科学研究院于 2019 年 12 月 12 日登记，登记号 571。通过区域试验和生产试验表明，川西短芒披碱草干草产量较对照品种增产 13.2%～19.7%，平均干草产量为 5 655.8kg/hm² 和 6 469kg/hm²，具有明显的高产优势。

一、品种介绍

禾本科披碱草属多年生草本。全株浅灰绿色，茎秆疏丛生，直立或基部膝曲。叶鞘光滑；叶片扁平，粗糙或背面平滑。穗状花序疏松而下垂，通常每节具 2 枚小穗，小穗灰绿色稍带紫色。颖长圆状披针形或卵状披针形，长 3～4mm，先端渐尖或具长仅 1mm 的短尖头；外稃披针形，顶端具粗糙的短芒，芒长 2～5mm；种子成熟一致，易脱落，千粒重 4.2～4.8g。

在寒温带及亚寒带地区适宜春播，川西北适宜播种期为 5 月中下旬至 6 月初，播种当年一般不能形成生殖枝，一般于次年进行刈割，一年收获 1 次，一般在 7 月底 8 月初收获。该品种耐寒，抗病虫害能力强，喜阳光，耐干旱，适宜于中性或微碱性土壤生长。

该品种春季返青早，在红原，4 月中旬返青，7 月中旬开花，8 月下旬种子完熟，生育期 120d 左右，生长天数 150d 左右。叶量中等，适于在开开花期利用，牧草质地柔软，牛、羊等牲畜喜食。耐寒，越冬率达 95％以上；抗病虫害能力强，种植多年均未发生病虫害。具有较强的可塑性，可以建立人工割草地，也可与其他禾草、豆科牧草混播，也可用于天然草地补播改良和生态治理。

二、适应区域

川西短芒披碱草适于川西北牧区及类似气候区推广种植的牧草，适宜在海拔 2 800～3 800m，降水量在 600mm 以上的高寒草甸地区种植。

三、栽培技术

（一）选地

选择地势较高、不积水、土层深厚、肥力适中地块。大面积种植时应选择交通便利、相对平坦开阔地块，以便机械作业。进行种子生产时要选择光照充足的地块。

（二）土地整理

耕深 20～30cm，耕翻后，耙碎土块，整平地面。在播种前20d 进行土壤处理，进行种子生产需用灭生性除草剂灭除种植地中所有绿色植物，仅作饲草生产可用选择性除草剂除去田间阔叶杂草。结合整地，施入腐熟牛羊粪 30 000～37 500kg/hm² 或复合肥 150～225kg/hm² 作底肥。

（三）播种技术

1. 种子处理

在病虫害多发地区，为防治地下害虫，可用杀虫剂拌种；防治病害，可根据具体病害类型用杀菌剂拌种。

2. 播种期

寒温带及亚寒带地区适于春播，川西北牧区适宜播种期为5月中下旬至6月初。

3. 播种量

种子用价为 100％时，种子生产的播种量 18～22.5kg/hm²，饲草生产条播时播种量 22.5～27kg/hm²，撒播时播种量 30～37.5kg/hm²；播种深度 1～2cm。

4. 播种方式

种子生产以条播为宜，行距 40～60cm；饲草生产可条播亦可撒播，条播时行距 30～40cm 为宜。

（四）水肥管理

播种当年要加强中耕除草，以免影响幼苗的生长和杂草种子的散播。分蘖至拔节时酌情施速效氮肥，每次刈割后及时施 120～180kg/hm² 尿素或复合肥。种子生产以磷肥、钾肥为主，少施氮肥。播种第二年后，视杂草情况，可人工或化学灭除杂草。有灌溉条件的地区，遇干旱应及时浇水。

（五）病虫杂草防控

短芒披碱草在高寒地区种植病虫害较少，常见的病害有锈病、褐斑病等。病害防治要因地防病、因时治病，既要加强干旱地区的灌溉措施，又要改善雨涝地区的排水设施。以改善施肥、灌溉等农艺措施为主要途径，尽量避免在同一块地上长期耕作，以杜绝病原菌的长期积累。短芒披碱草可能发生高原毛虫、蝗虫等虫害。若虫害猖獗时，最好立即刈割，也可选用高效、低毒、低残留的农药进行防治。如毒丝本等可防高原毛虫，50％马拉松乳液、40％乐果乳油可防蝗虫。

苗期生长缓慢，要及时清除杂草，可通过人工或化学方法清除。单播草地除草剂要选用选择性清除双子叶植物的药剂。

四、生产利用

（一）放牧

播种当年禁牧，种植第二年可适度放牧，每公顷控制在 2～3 个羊单位以下。

（二）刈割

该品种株高 120cm 左右，叶量中等，占干草的 17.1％，适于在开花初期利用。亦适宜作割草地利用，一般在花期进行刈割利用，留茬 5～6cm，每年刈割 1 次。可青饲、青贮或调制干草。

川西短芒披碱草主要营养成分表（以风干物计）

H_2O（％）	CP（％）	EE（g/kg）	CF（％）	NDF（％）	ADF（％）	Ash（％）	Ca（％）	P（％）
5.8	9.0	25.6	37.3	72.5	42.3	4.5	0.16	0.13

注：数据由农业农村部全国草业产品质量监督检验测试中心提供。

8. 川西短芒披碱草

川西短芒披碱草叶　　　　　　　川西短芒披碱草果实

川西短芒披碱草单株　　　　　川西短芒披碱草群体

9. 同德无芒披碱草

同德无芒披碱草（*Elymus submuticus*（Keng）Keng f. 'Tongde'）是由野生种栽培驯化而成。由青海省牧草良种繁殖场、中国科学院西北高原生物研究所、青海省草原总站于 2014 年 5 月 30 日登记，登记号为 465。该品种适应性广、抗逆性强，具有返青早、生长快，成熟早、干物质积累快，分蘖和再生力强，叶量丰富，营养价值高等优点，是高寒地区建立人工草地、改良天然草场的优良品种。

一、品种介绍

同德无芒披碱草，须根系；茎直立，基部膝曲，高 80～135cm；具 3～4 节，叶鞘光滑，短于节间，叶舌顶端截平，叶片扁平，条形，长 16～19cm，宽 6～11mm，上面及边缘疏生柔毛；穗状花序疏松弯垂，长 12～18cm，小穗灰绿色略带紫色，成熟时灰白色，常以 2 枚生于穗轴节，含 4～6 小花，密被微毛；颖狭披针形，具 1～3 脉，先端渐尖；外稃披针形，上部具 5 条明显的脉，第一外稃顶端近无芒，内稃与外稃近等长，先端钝圆。带稃颖果为狭披针形，土白色，长 6.2～8.6mm，千粒重 3.4～3.6g。

同德无芒披碱草适应性很强，在青海省海拔 2 200～4 200m 的地区均能生长良好，抗旱性好；根系发达，能充分吸收水分；

抗逆性强；在 pH 8.3 的土壤上生长发育良好，对土壤选择不严，耐寒，在－36℃低温能安全越冬，生长良好；抗病能力强，在同德地区种植多年均未发现病虫害。在同德旱作条件下，一般5月中下旬播种，当年生长发育缓慢，第二年以后生长迅速，一般4月底至5月初为返青盛期，5月下旬至6月上旬拔节，6月下旬至7月初抽穗，7月中旬开花，8月下旬及9月初种子成熟，生育期110～115d。

二、适宜区域

适宜于青藏高原海拔 2 200～4 200m 高寒地区推广种植。

三、栽培技术

（一）选地

该品种适应性较强，对生产地要求不严，农田和荒坡地均可栽培；大面积种植时应选择较开阔平整的地块，以便机械作业。进行种子生产的产地要选择光照充足、土层厚度≥30cm 以上，土质疏松、排水良好，坡度≤25 度，土壤肥沃的地块。

（二）土地整理

整地以秋翻春耙为主。在前茬收获后及时秋翻，耕深 15～20cm，新开垦地耕深 15～25cm。春季解冻时进行春耕，耕深12cm，耕后及时耙糖，清除残茬。

（三）施肥

结合秋翻或春耕施农家肥 1.5～1.8t/hm² （100～125kg/

亩）。按照 NY/T 469 的要求，播前施纯氮 0.07～0.076t/hm²（4.667～5.067kg/亩），五氧化二磷 0.052～0.069t/hm²（3.667～4.6kg/亩）。

（四）播种技术

1. 种子选择

按照 GB/T 2930.11 的要求，选择性状、质量符合同德无芒披碱草品种标准与 GB 6142 三级以上的种子，种子需进行断芒处理。

2. 播种期

青藏高原在 5 月中下旬为宜。日平均气温稳定通过 1.0℃以上时播种。

3. 播种量

条播 0.023t/hm²（1.533kg/亩），撒播 0.030t/hm²（2.000kg/亩）。保苗 25～30 万株/hm²（1.667～2 万株/亩）。

4. 播种方式

采用机械条播。条播行距 15～25cm，播深 2～3cm。播后及时镇压。

（四）田间管理

1. 苗期管理

播种当年禁牧。苗高 10cm 时用 2-4-D 丁酯清除杂草。

2. 灌溉

在牧草拔节至孕穗期，有灌溉条件的，灌溉一次。

3. 追肥

结合降雨或灌溉追施尿素 0.075～0.15t/hm²（纯氮 2.35～4.7kg/亩）。

（五）主要病虫鼠害防治

主要病害有锈病。虫害有草原毛虫、蝗虫，鼠害主要为高原鼢鼠、高原鼠兔。在病虫害防治中所使用的农药应符合 GB 4285 的有关规定。草原毛虫生物防治按照 DB63/T 789 执行，蝗虫生物防治按照 DB63/T 788 执行，草地鼠害生物防治按照 DB63/T 787 执行。

同德无芒披碱草群体

同德无芒披碱草叶片

同德无芒披碱草穗

同德无芒披碱草种子

10. 杰特多花黑麦草

杰特 (Jivet) 多花黑麦草 (*lolium multiflorum* Lam. 'Jivet')，由丹麦丹农种子股份公司 (DLF) 和云南省草山饲料工作站于 2006 年引入，2014 年登记的引进品种，登记号为 467。国家草品种区域试验结果表明，该品种各区试点年均干草产量 8 000～19 000kg/hm²，总平均产量为 11 457kg/hm²，较对照品种增产 3.85%～12.50%。

一、品种介绍

一年生疏丛禾草，须根系，株高 110～160cm，直立生长，分蘖多，叶多而宽，叶色深绿有光泽，叶片长 10～30cm。穗状花序长 15～30cm，每个花序小穗可多达 35～40 个，每小穗含小花 10～20 朵。种子长 5～7mm，外稃有芒，千粒重 3.3g。

冷季型牧草，喜温暖湿润气候，27℃ 以下为适宜生长温度，35℃ 以上生长不良，不耐严寒酷暑，不耐荫；适合多种土壤，略耐酸，适宜土壤 pH 6～7，对水分和氮肥反应敏感，施氮肥能较大幅度提高其产量和增加植株的粗蛋白含量。

二、适宜区域

适宜在我国西南亚热带地区，海拔 600～1 800m，降水

800~1 500mm 的温凉湿润山区温和湿润地区冬闲田种植。

三、栽培技术

(一) 选整地

适合多种土壤，播前精细整地，并除掉杂草，贫瘠土壤施用底肥可显著增产

(二) 播种

春播或秋播，条播行距 20~30cm，播种深度 1~2cm，播种量为 22~30kg/hm²。

(三) 田间管理

在苗期要结合中耕松土及时除尽杂草；每 2~3 次刈割或放牧后可施尿素 50~100kg/hm²；分蘖、拔节、孕穗期或冬春干旱时，要适当补浇水。

(四) 利用

孕穗至抽穗期刈割，留茬高度 5cm 左右为宜。

杰特多花黑麦草主要营养成分表（以风干物计）

H_2O (%)	CP (%)	EE (g/kg)	CF (%)	NDF (%)	ADF (%)	Ash (%)	Ca (%)	P (%)
5.5	16.6	26	12.3	24.8	13.9	7.1	0.49	0.15

注：①数据由农业农村部全国草业产品质量监督检验测试中心提供；②各指标数据均以干物质为基础。

杰特多花黑麦草叶

杰特多花黑麦草果实

杰特多花黑麦草种子

杰特多花黑麦草单株

11. 陵山狼尾草

陵山狼尾草（*Pennisetum alopecuroides* L. 'lingshan'）是利用我国北方地区野生分布的优良狼尾草种质资源，以耐寒、观赏价值高、养护成本低为主要育种目标，通过单株选择和系统选择法，从野生狼尾草种质资源中选育出的观赏草新品种。由河北农业大学于 2019 年 12 月 12 日登记，登记号为 570。经过多年多点生产试验证明，新品种绿色期长、萌芽期早、抽穗前叶片下垂、株型紧凑、单株花序多、抗逆性强、生长速度快，具有抗寒、耐旱和养护成本低等特点。

一、品种介绍

禾本科狼尾草属多年生草本，<u>丛生</u>，株型紧凑。抽穗前株高 60～70cm，抽穗后株高 100～150cm，冠幅 100～150cm。叶长 50～58cm，叶宽 0.7～0.8cm，叶色淡绿色，抽穗前株型似"喷泉"。抽穗开花后花枝梗长度 80～120cm，花序紧凑，每个花序小花数多；花序突出叶片以上，穗长 14～15cm。萌芽期 3 月中旬至 4 月初，绿期 210～230d，4—10 月均具有观赏性。耐低温，耐旱，全年无病虫害发生，生态适应性广，耐贫瘠土壤，养护管理成本低。

在北京、保定、山东，萌芽期 3 月底至 4 月初，初花期 6 月中、下旬，盛花期 8 月初，绿色期平均 210d 左右，越冬（越夏）

率 100%。在湖北及周边地区萌芽期 3 月中下旬，初花期 6 月中旬，盛花期 8 月初，绿色期 220～230d。

二、适宜区域

适宜华北及长江以北地区种植，中、低养护旱景园林植物建植，用于荒山、荒坡水土保持和边坡修复等。

三、栽培技术

（一）繁殖方式

可采用种子或分株两种方法繁殖。种子繁育的种苗个体小，前期生长缓慢，宜采用种子穴盘育苗移栽方式，3 月中下旬至 8 月初均适宜栽植。成株苗 5～10 蘖以上，采用穴栽，多年生，株行距 40～60cm。春季为分株繁殖最佳季节，分株时每株 10～15 蘖，当年即可呈现景观效果。移栽时根据苗大小适当施少量底肥，浇透水，缓苗后，极端干旱的天气适当浇水。

（二）施肥灌溉

陵山狼尾草品种适应性强，耐瘠薄。做观赏草用，生长过程中一般无需施肥，早春灌溉可促进其返青。生长季保持土壤干燥，过量施肥灌溉容易导致植株生长过旺，株型分散，抽穗后易倒伏，降低观赏性。

（三）修剪

在生长季末来年早春修剪。春季修剪在返青前进行，修剪留茬高度 10cm 左右。

四、生产利用

陵山狼尾草具有极强的抗逆性、较低的水资源消耗和独特的观赏利用价值。生产上可孤植，亦可成片种植，可用于园林建设、乡土草种质资源保护、生态旅游项目开发和特色小镇工程上，营造自然园林景观。

陵山狼尾草花　　　　　　　　陵山狼尾草种子

陵山狼尾草群体　　　　　　　陵山狼尾草群体 2

12. 新草 1 号苏丹草

新草 1 号苏丹草（*Sorghum sudanense*（Piper）Stapf. 'Xincao No. 1'）是以地方品种奇台苏丹草和育成品种新苏 2 号为原始材料，采用天然选择和混合选择相结合的选育方法，经过单株选择，株系鉴定，混合选择等手段选育而成。由新疆畜牧科学院草业研究所于 2019 年 12 月 12 日登记，登记号为 567。2017—2018 年参加国家草品种区域试验，多年多点比较试验证明，该品种较对照品种平均增产 10%～15%，年平均干草产量 21 570kg/hm^2，最高年份干草产量 38 911kg/hm^2。

一、品种介绍

一年生草本，须根系。茎圆柱状，高 270cm 以上，叶条形，长 45～60cm，宽 4.5cm 左右，每一茎上有叶 8～10 片，表面光滑，边缘稍粗糙，主脉明显，上面白色，背面绿色。圆锥花序，半紧密直立型。花序长 35～55cm，穗轴及分枝粗糙，节上有茸毛，每节上生 2 个小穗，其中一个无柄，结实；另一个小穗为有柄小穗，雄性不结实。顶生小穗常三枚，中央的具柄，两侧无柄，成熟时无柄小穗连同穗轴节间有柄小穗一起脱落。颖果卵圆形，略扁平，颖果紧密着生于颖内，颖壳黄色，千粒重 14.31g。

喜温暖湿润，相对不耐寒冷，种子耐受最低发芽温度为

10℃左右，适宜发芽温度 20～30℃。幼苗在低于 5℃的温度即受冻害。成株在低于 15℃生长变慢，10℃左右停止生长。抗旱能力强，相对不耐涝，在夏季相对炎热、雨量中等地区最适宜生长，在降水量 300mm 地区仍然可良好生长。该品种对土壤要求不严，一般土壤均可种植，喜排水良好、土质肥沃的黏壤土和壤土，微酸及微碱性土壤均可栽培。

在南方地区，当地表温度 10℃以上就可以播种。在北方 5 月初播种，6 月分蘖，7 月中旬开花，9 月中旬种子成熟，生育期 113～120d，属中晚熟品种。

二、适宜区域

适宜范围广，全国各地均可栽培，最适生长的年平均温度为 20～30℃，宜在无霜期 130d 以上有灌溉条件的北方地区，或我国南方雨水充足的地区种植。

三、栽培技术

（一）选地

适应性较强，对生产地要求不严。建立高产的人工饲草地，应该选择地势平整、土壤肥力中等且均匀、前茬作物一致、杂草少、无严重土传病害、具有良好排灌条件（雨季无积水）、四周无高大建筑物或树木影响的地块。大面积种植时应选择较开阔平整的地块，以便机械作业。进行种子生产的产地要选择光照充足、利于花粉传播的地块。苏丹草忌连作，前茬不能是苏丹草或高丹草，最好前茬作物为豆科牧草。

（二）土地整理

播前应对土质和肥力状况进行调查分析，种床要求精耕细作，一般深耕 25～30cm，并及时耙压整平。杂草相对严重的地块需采用除草剂处理后再翻耕。播种前结合整地时施足有机肥，播前要施足底肥，施腐熟的厩肥 23 000～30 000kg/hm^2，或者施用磷酸二铵和尿素及硫酸钾，其中：磷酸二铵 375kg/hm^2、尿素 225kg/hm^2、硫酸钾 150kg/hm^2。

（三）播种技术

1. 种子处理

种子一般无需特殊处理，可以播种前进行晒种处理。

2. 播种期

当表土温度稳定在 12～14℃时即可播种。春播北方地区一般在 4—5 月，南方地区在 3 月份播种。复播一般在 6—7 月。

3. 播种量

以刈草为目的的收草田，条播的净播量为 52.5～67.5kg/hm^2；以收获种子为目的种子田，条播的净播种量为 30～37.5kg/hm^2。

4. 播种方式

生产中适宜机械条播。以割草为主要利用方式的，行距 25～35cm，以收种子为目的时，行距为 40～50cm；播种深度 3～5cm 为宜。播后需要覆土镇压。

（四）水肥管理

在幼苗时适当控水进行蹲苗，在开始进入分蘖期前灌透水，同时追施尿素 75kg/hm^2。此后，以割草为目的的草地，每次刈割后，皆需灌透水并追施尿素 150kg/hm^2。以收种子为目的的草地，在拔

节期追施过磷酸钙 $150\sim250kg/hm^2$，在抽穗期施尿素 $150kg/hm^2$。

（五）病虫杂草防控

一般很少有严重病虫害。持续湿热不通风的环境下出现的常见病虫害有锈斑病、霉烂病、寄生虫病。锈斑病是叶片出现铁锈斑点，是由于病毒引起，一般用 0.1％的井冈霉素叶面连续喷洒 2 次，15d 后加喷 1 次。霉烂病是初期根部部分分蘖处的茎秆及叶片霉烂，并向密生的中间茎叶扩散，至使植株根部出现霉烂死，是霉菌着生引起，可用 0.5％左右的多菌灵喷防。寄生虫病，叶面开始出现黄色斑点，主要是叶尖枯死、发黄，随后逐渐向下扩散，至整个叶面及茎秆枯死，并且迅速传播，远看去如火焰烤过一般，由寄生虫引起，此病一旦发现急需治疗，可用 0.1％氧化乐果连续喷 3d，一周后再喷一次，可取得显著效果。

苗期生长缓慢，要及时清除杂草保苗，可以结合机械中耕除草一般苗高 20cm 左右开始中耕除草 1 次。进入拔节期以后，苏丹草生长十分迅速，基本不受杂草危害。

四、生产利用

该品种是优质的一年生牧草，可一年内多茬刈割，收获利用应综合考虑其草产量，营养价值和再生能力。在气候寒冷生长季节短的地区，第一茬收割宜早，否则严重影响下一茬的产量。最后一茬收割后再生草，可以进行放牧。刈割留茬高度应在 10cm 左右，留茬过低严重降低再生性，进而会使下一茬的产量下降。

可青饲、青贮或调制干草，在我国南方也是养鱼的优质青饲料。青饲时刈割的幼苗含有氢氰酸，具有一定毒性，植株达到

60cm以上，刈割后稍加晾晒，可避免家畜中毒。收获后即可青贮，切碎的长度在5～8cm，可以加入苜蓿或干草，水分含量控制在55％～60％，可以加入适量饲用氯化钠，有利于发酵，同时提高适口性。一般单独青贮利用宜在乳熟期收割，混合青贮可在拔节末期收割。调制干草，宜在抽穗期收割。

据农业农村部农产品质量监督检验测试中心（乌鲁木齐）检测，抽穗期干物质中含粗蛋白含量15.4％，粗脂肪含量9.1％，粗纤维含量26.2％，粗灰分12.3％，钙0.68％，磷0.25％，无无氮浸出物41.88％。

新草1号苏丹草根

新草1号苏丹草种子

新草1号苏丹草穗

新草1号苏丹草群体

13. 新苏 3 号苏丹草

新苏 3 号苏丹草（*Sorghum sudanense*（Piper）Stapf. 'Xinsu No. 3'）是以新苏 2 号苏丹草为原始材料，采用系统选育的方法，经穗选，单株选择分系比较，结合集团选择进行，历时 6 年 7 代选育而成。由新疆农业大学草业与环境科学学院于 2014 年 5 月 30 日登记，登记号为 470。该品种具有显著丰产性、耐旱性和耐盐碱性。多年多点比较试验证明，该品种较对照品种平均增产 15％以上，平均干草产量 10 150kg/hm²，最高年份干草产量 13 130kg/hm²。

一、品种介绍

禾本科高粱属一年生植物，须根发达，株高 255～265cm，茎秆直立，圆柱形，直径 4～6mm，茎节 9 个，单株分蘖数 8～10 个，叶片深绿色，狭长，主脉明显、白色，叶鞘长 20～22cm，叶长 25～30cm，叶宽 4～5cm。常异花授粉，松散圆锥花序，穗长 37～45cm，成熟籽粒颖壳的颜色多为深黑色。种子卵圆形，淡褐色至黑色，千粒重 12.5～13.5g。

属喜温作物，适宜年≥10℃的积温 2 900～3 100℃，无霜期 130d 以上的地区，在气候温暖雨水充沛的地区生长最繁茂。种子发芽最适温度为 20～30℃，最低温度 8～10℃，在适宜条件下，播后 4～5d 即可萌发，7～8d 全苗。播后 5～6 周，当出现

5 片叶子时，开始分蘖，生长速度增快，出苗后 95d 左右开始开花。幼苗在气温降至 2～3℃时即受冻害，甚至死亡。苗期生长缓慢且长，以扎根为主，全生育期 115～120d。分蘖性较强，单株分蘖数 8～10 个，其中有效分蘖数 5～7 个，留茬高度以 7～8cm 为宜。该品种对土壤要求不严，耐旱、耐盐碱，适应性强。

二、适宜区域

适用于北方无霜期在 130d 以上有灌溉的条件，或南方雨水充足的地区种植。

三、栽培技术

（一）选地

该品种适应性较强，对生产地要求不严，农田和荒坡地均可栽培；大面积种植时应选择较开阔平整的地块，以便机械作业。进行种子生产的产地要选择光照充足、利于花粉传播的地块；前作为豆科植物时产量高，忌连作。

（二）土地整理

苏丹草根系发达，在整个生长期，要从土壤中吸收大量的养分，应深耕。播种前清除生产地残茬、杂草、杂物，耕翻、平整土地；杂草严重时可采用除草剂处理后再翻耕。作为刈割草地利用时，在翻耕前每公顷施基肥（农家肥、厩肥）15 000～30 000kg，或每公顷施 30% 的复合肥 450～600kg。在干旱地区和盐碱土地带，为减少土壤水分蒸发和防止碱化，也可进行条松或不翻动土层的重耙灭茬，翌年早春及时耙磨或直接开沟于春末播种。

（三）播种技术

1. 种子处理

选籽粒饱满、无病虫的种子，播前晒种 1～2d，用 0.2％的磷酸二氢钾或温水浸种 6～8h，打破休眠，提高种子发芽率，用粉锈宁拌种预防锈病发生。

2. 播种期

一般在 4 月上旬至 6 月份，当土壤温度稳定在 10～12℃时即可播种，应采取分期播种，每期相隔 20～25d，可保证整个夏季能持续生产青绿饲料。

3. 播种量

根据播种方式和利用目的而定。以收草为栽培目的时，每公顷播量为 90kg，以制种为栽培目的时，每公顷播量为 60kg。

4. 播种方式

可采用条播、穴播或撒播，生产中多采用条播，以收草为栽培目的时，行距 30～45cm，以制种为栽培目的时，行距 45～60cm，播种深度 4～6cm，并镇压以利出苗。人工撒播时可用小型手摇播种机播种，也可将种子与细沙混合均匀，直接用手撒播。撒播后可轻耙地面或进行镇压以代替覆土措施，使种子与土壤紧密接触。

（四）水肥管理

作为刈割草地利用时，在翻耕前每公顷施基肥（农家肥、厩肥）15 000～30 000kg，或每公顷施 30％的复合肥 450～600kg。于分蘖期、拔节期和抽穗期，追施尿素 300～375kg/hm^2，每次刈割后追尿素 150～300kg/hm^2，可以撒施、条施。

在年降水量 600mm 以上地区基本不用灌溉，但在降水量少的地区适当灌溉可提高生物产量，灌溉主要在出苗期和拔节期进行。在南方夏季炎热季节，有时会出现阶段性干旱，在早晨或傍晚进行灌溉，有利于再生草生长。同样，在多雨季节，要及时排水，防治涝害发生。

（五）病虫杂草防控

种植苗期无病害发生，但在进入抽穗以后或潮湿高温的夏季，多见叶锈斑病和根腐病。用井冈霉素加水 1 000 倍晴天下午叶面喷施，连续 2d；根腐病喷施 50％的甲基托布津溶液。

在播种后出苗前土表喷施高粱专用除草剂莠去津，每公顷用 50％可湿性粉剂 2.25～3.0kg，或 40％悬浮剂 2.5～3.0L，加水 450～750kg，土表均匀喷雾。苏丹草苗期弱，易受杂草危害，苗期应及时除杂草，在苏丹草蹲苗拔节期株高为 10～15cm 时，每公顷用 72％ 2,4－D 丁酯乳油 0.6～0.75L，加水 375～450kg，均匀喷雾，也可以与百草敌、溴苯腈等混用，剂量各减半，以扩大杀草谱。

四、生产利用

可放牧利用：供牛、羊、猪、马等家畜放牧采食，无患膨胀病之虑。一般第一次放牧在拔节初期；第二次在孕穗期；第三次在抽穗期；第四次在霜前或霜后，至全部吃完。

可青刈青饲：作为马、牛、羊、猪、兔及鱼类的优质青绿多汁饲料，可分期刈割饲用。一般株高 70～100cm 时可第一次刈割，以后每隔 20～30d 刈割一次。若用苏丹草幼嫩鲜草喂猪，可占日粮 1/3～1/2，以打浆或粉碎喂给；养牛每天每头需喂 30～

40kg 鲜草；羊、兔可以整喂或切短喂；喂鱼时，将鲜草粉碎后喂，效果更佳。

亦可用于调制干草、青贮：在南方多雨地区，青贮时要在刈割后将鲜草晾晒，使其含水量在 55% 左右再进行青贮。青贮时添加乳酸菌或酸化剂，有助于青贮成功。在北方干燥地区多调制成干草储藏。

新苏 3 号苏丹草叶

新苏 3 号苏丹草穗

新苏 3 号苏丹草种子

新苏 3 号苏丹草群体

14. 冀草 6 号高粱—苏丹草杂交种

冀草 6 号高粱—苏丹草杂交种 （*Sorghum bicolor* × *Sorghum sudanense* 'Jicao No. 6'）是以具有自主产权的 BMR 高粱不育系为母本，以自主创新的 BMR 苏丹草为父本的远缘杂交种，杂交组合为：BMR33A×BMR－S117。由河北省农林科学院旱作农业研究所选育，于 2019 年 12 月 12 日通过审定，登记号 566，该品种也是我国第一个通过国家审定的 BMR 基因型高丹草新品种。

该品种的育成，标志着国内在成功转育成 BMR 基因型饲草高粱不育系，选育出 BMR 基因型苏丹草的基础上，实现了 BMR 基因型高丹草"三系"配套杂交种选育技术。该品种突出特性为低木质素含量品种，国家区试测定结果，冀草 6 号木质素含量为 2.73%，比对照品种降低 28.8%～34.2%，表现出较好的饲用品质。

一、品种介绍

一年生草本，须根系，芽鞘紫色，六叶期后表现为褐色中脉，拔节后茎秆表皮及髓部逐渐表现为褐色，成熟时叶中脉褐色消失，但茎秆表面及髓部依然表现为褐色。在冀中南地区生育期 110d，株型紧凑，抽穗期株高 282cm，主茎叶片数 14 片，叶长 78.3cm，叶宽 6.4cm，单株分蘖数 2～3 个，穗形纺锤，中散型穗型，穗长 24.4cm，种子圆形，黑壳黄粒。

暖季型禾本科 C4 作物，是高粱与苏丹草的 F1 代杂交种，其杂交优势强、生物产量高、饲用品质优、抗逆性强。该品种对土壤条件无特殊要求，较耐瘠薄，抗旱、耐盐性较强，可在旱薄盐碱地种植；春、夏播均可。冀中南地区生育期 110d。利用方式多样，青饲、青贮均可，一般在株高 150cm 以上至抽穗期刈割，抽穗期刈割青饲利用最好；青贮利用一般在蜡熟期刈割；再生性强，可多次刈割，刈割 3～5d 后可萌发再生茎 5～7d。

该品种青贮利用时茎秆木质素含量比普通品种显著降低，干物质消化率与青贮玉米接近；在北方干旱区推广，可缓解缺水地区水资源紧张的局面。

二、适宜区域

全国高粱、苏丹草种植区域均可种植，最适合在东北、西北、华北等区种植。

三、栽培技术

(一)种子准备

种子质量符合 GB 6142 中二级种子的规定；播前种子晾晒 3～4d。采用 40％甲基异硫磷乳油 500ml，兑水 50L，拌种 500～600kg，可防治蛴螬、蝼蛄等地下害虫。

(二)整地与施肥

1. 整地

整地清除地面杂物，采用"旋耕—镇压—耙平"的顺序翻耕，达到地面平整，土块细碎。旱作地区，秋季深耕、春季耙耱保墒。

2. 施肥

依据土壤肥力状况及肥料效应，平衡施肥。中等肥力的土壤底施 N、P、K 肥的用量分别为：纯 N 每公顷 150～225kg，P_2O_5 每公顷 150～225kg，K_2O 每公顷 75～100kg；中高等肥力土壤下，高丹草田可减施或隔年（季）施肥。肥料的使用符合 NY/T 496—2002 的规定。有条件的地方可底施农家肥或厩肥每公顷 45m^3。

（三）播种技术

1. 播种期

春、夏播均可，在南方地区一般在 3—4 月，北方地区在 4—5 月，当地温稳定在 10℃ 以上即可播种，淮海平原区一般 4 月中旬后，等雨播种，趁墒抢种，力争全苗。

2. 播种方式

采取直播或地膜覆盖播种，以垄播、条播为主，行距 40～50cm。

3. 播种量及密度

每公顷播种量 7.5～15kg，实际播种量可根据种子发芽率及土壤墒情及时调整。多次刈割青饲利用密度 8 000～9 000 株/亩。青贮利用建议 5 000～6 000 株/亩。

4. 播种深度

播种深度 3～5cm，播后及时镇压。

（四）管理技术

1. 除草

人工或化学除草。化学除草一般在播后苗前采用 38％莠去津

（阿特拉津，atrazine）悬浮剂均匀喷施地表的方式进行，用药量为每公顷 1 800～2 250g，兑水 450L，充分混匀后喷施地表。

2. 追肥

拔节期或第 1 茬草刈割后追施氮肥 1 次，纯 N 每公顷为 110～150kg，追肥最好结合降雨进行。

3. 病、虫害防治

在华北平原农区，高丹草病害一般发生较轻，无需防治；严重时可通过及时刈割进行防治。全生育期虫害防治应坚持"预防为主，综合防治"的方针，使用化学农药时，应执行 GB 4285 和 GB/T 8321.1—7 中农药安全使用标准。不同时期虫害防治方法见下表。

虫害化学防治时期与方法

名称	防治时期	防治方法
蛴螬、蝼蛄	种子	40％甲基异硫磷乳油稀释 100 倍的药液拌种
麦二叉蚜	苗期	10％吡虫啉可湿性粉剂 2 000～2 500 倍液喷施，7～10d 酌情补防一次
高粱蚜	拔节期	

（五）收获技术

1. 刈割时期

根据利用目的确定合理的刈割期，青饲利用一般在株高 150cm 以上至抽穗期刈割，抽穗期刈割青饲利用最好；青贮利用一般在蜡熟期。刈割时尽量避开雨天，防止茎叶霉烂变质。

2. 刈割次数

北方地区全年刈割 2～3 次，南方地区可刈割 3～4 次。淮海平原区抽穗期刈割时，春播全年可刈割 2～3 次，夏播可刈割1～2 次。依据利用方式确定。

3. 留茬高度

为保证刈割后快速分蘖，以利再生，建议每次刈割时留茬高度为 15～20cm。

4. 收获机械

利用轮盘式玉米青贮收获机收获，机械碾压一般不影响第二茬草生长。适当晚收可直接青贮，也可与其他干草混贮。

5. 刈割后管理情况

一般刈割后 3～5d 可萌发再生芽 4～7 个；若拔节期没有及时追肥，应在第一茬草刈割后追施氮肥 1 次，纯 N 每公顷为110～150kg；追肥一般结合降雨进行。

（六）青贮利用技术

该品种青饲、青贮均可，可用于饲喂牛、羊、马、驴等草食动物及鱼类。利用方便，适口性好，采食率高，饲喂奶牛效果好。

冀草 6 号高粱—苏丹草杂交种茎

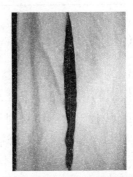

冀草 6 号高粱—苏丹草杂交种叶

14. 冀草 6 号高粱—苏丹草杂交种

冀草 6 号高粱—苏丹草杂交种穗　　冀草 6 号高粱—苏丹草杂交种群体

15. 都脉苇状羊茅

都脉苇状羊茅（*Festuca arundinacea* Schreb. 'Duramax'）由丹农国际种子公司（DLF INTERNATIONAL SEEDS）于2003年在美国俄勒冈育种中心经多次轮回选择选育而成，2007年由四川农业大学引入。2019年通过审定，登记为引进品种，登记号为576。该品种产量高、叶量丰富，品质优，秋冬生长速度快，主要用于放牧草地和割草地，在适应区域干草产量达8 000～13 500kg/hm²，尤其在西南云贵高原及山地丘陵区等适应区域较对照品种显著增产。

一、品种介绍

禾本科多年生草本，根深且发达，植株粗壮，秆直立，高100～120cm。叶鞘通常平滑无毛，叶舌长0.5～1mm，平截，纸质。叶片长20～40cm，叶片宽大柔软。圆锥花序疏松开展，长20～30cm，每小穗含小花4～5朵。种子长6～7mm，千粒重2.93g。

属冷季型牧草，喜温凉湿润气候，抗逆性强，耐寒能力强，春季返青早，再生能力强，在混播草地中加入可有效延长草地每年的可利用时间。适合多种土壤，略耐酸，生育期305～312d（秋播），为中晚熟型苇状羊茅品种。该品种产量高、叶量丰富，品质优，适合多种家畜。

二、适宜区域

适宜在西南云贵高原及山地丘陵等气候相似区推广应用。

三、栽培技术

（一）选地

适合多种土壤，有一定的耐酸、抗盐碱能力，但以中性、微酸性最好，种苗活力强，建植快。

（二）整地

由于种子较小，播前需精细整地，选择晴天喷施灭生性除草剂除杂草。一周后翻耕，打碎土块，耙平地面，贫瘠土壤施用底肥可显著增产。

（三）播种技术

1. 种子处理

播种前对种子进行清选，清除未成熟种子和杂质，选择粒大饱满的种子做种用。

2. 播种期

可春播或秋播，长江流域及以南地区秋播依据当地气温以 9 月下旬至 11 月上旬为宜。

3. 播种量

播种量与当地的自然条件、土壤条件、播种方式和利用目的有关。作为青刈用的播种量较收种用的要大。在贫瘠的土壤中播种较在肥沃湿润的土壤中适当加大播量。通常条播播种量为

$15 \sim 30 \mathrm{kg/hm}^2$，与三叶草等豆科牧草混播时，可撒播，播量酌减 30％左右。

4. 播种方式

撒播、条播均可，大面积单播种植可采用条播，易于建植、管理和收获。条播行距 $15 \sim 30 \mathrm{cm}$，由于种子细小，不宜深播，播种深度 $1 \sim 2 \mathrm{cm}$，浇足水分。

（四）水肥管理

根据土壤墒情播后 $4 \sim 6 \mathrm{d}$ 再浇一次水，适时保持好田间的湿度，苗期生长缓慢，在苗期要结合中耕松土及时除尽杂草。每次刈割或放牧后可施尿素 $50 \sim 100 \mathrm{kg/hm}^2$；分蘖、拔节、孕穗期或冬春干旱时，要适当沟灌补水。

四、生产利用

该品种植株高，适宜刈割青饲或晒制干草，营养含量高，割草时间可选择抽穗前到抽穗期，每年头茬刈割时间特别重要，适时可有效提高后茬产量和品质，留茬高度 5cm 左右，也可放牧利用，放牧须要适当控制强度，以维持草地持久性。

都脉苇状羊茅主要营养成分表（以干物质计）

收获期	CP（％）	EE（g/kg）	CF（％）	NDF（％）	ADF（％）	CA（％）	Ca（％）	P（％）
孕穗期	16.6	21.2	27.2	54.0	29.8	8.7	0.42	0.22

注：数据由农业农村部全国草产业品质质量监督检验测试中心提供。

都脉苇状羊茅花序

都脉苇状羊茅小穗

都脉苇状羊茅单株

都脉苇状羊茅群体

16. 龙江无芒雀麦

龙江无芒雀麦（*Bromus inermis* Leyss 'Longjiang'）是以1995 年在黑龙江省龙江县天然草地上采集的野生草种，经过单株选育、混合选择、栽培驯化而成的新品种。由黑龙江省畜牧研究所于 2014 年 5 月 30 日登记，登记号 469。该品种具有显著丰产性。多年多点区域试验证明，该品种高产性能稳定，产草量均高于对照品种，干草产量 9 135.47～11 251.47kg/hm²，较对照增产 15.73%～17.77%，且达显著水平。

一、品种介绍

禾本科雀麦属多年生牧草。株高 115cm 以上，须根发达，具横走根状茎，分布于距地表面 10～20cm 土层；茎直立，疏丛型。叶片扁平，披针形，淡绿色，长 20～35cm，宽 0.7～1.3cm；圆锥花序，长 14～24cm，穗轴每节上轮生穗枝梗 2～3个；穗梗有小穗 2～6 个，一个小穗有花 4～12 朵；种子扁平，长而宽，褐色，呈艇形，千粒重 3.5g。

该品种分枝多，叶量丰富，抗寒耐旱，适应性广，喜冷凉干燥。早春返青早，在黑龙江省 4 月中旬左右即可返青，生育天数 100d 左右。抗寒性强，在冬季气温－39℃，无雪覆盖可安全越冬，越冬率达 98% 以上；耐旱，在年降水量 220～400mm 的地区，干旱时土壤含水量在 6.45%～8.98% 的情况下，生长良好；对土壤要求不严，最适宜在肥沃的壤土和黏壤土生长；耐瘠薄、耐盐碱，在土壤 pH 8.2 及贫瘠砂质土壤上均表现出高产稳产。在东北地区每年可刈割 2～3 次。

二、适宜区域

适宜范围广，全国各地均可栽培，年降水量 350～500mm 的地区旱作，生长发育良好。我国东北、内蒙古等气候类似地区是其适宜生长区域；黄淮地区、长江流域、云贵高原、西南地区及我国北部地区均可栽培利用。

三、栽培技术

（一）选地

最适宜在地势高燥、平坦、排水良好、土层深厚疏松、中性或微碱性沙壤土或壤土中生长，大面积种植时应选择较开阔平整的地块，以便机械作业。进行种子生产的产地要选择光照充足、利于花粉传播的地块。

（二）土地整理

播种前应精细整地，包括耕翻、耙磨、耢平、压实。以秋翻为宜，耕翻深度为 20～25cm。可选用顺耙、横耙或对角线耙，耙碎和耢平土块。有条件的可结合整地施足底肥、灌足底水。

（三）播种技术

1. 播种期

春播和夏播均可。以 5 月上旬至 7 月上旬为宜，在东北地区不应迟于 7 月 20 日。

2. 播种量

根据播种方式和利用目的而定。收草以条播为宜，行距30～45cm，播量 22.5～30kg/hm²，收种行 45～60cm，播量 7.5～10kg/hm²；与苜蓿混播，播量 7.5～15kg/hm²，苜蓿为 7.5～12kg/hm²。

3. 播种方式

可采用条播或撒播，生产中以条播为主。条播时，以割草为主要利用方式的，行距 20～25cm，以收种子为目的时，行距为 40～50cm；覆土厚度以 0.5～1.0cm 为宜。

（四）水肥管理

属丰产刈草型，对水肥敏感，有一定耐旱能力，在年降水量 600mm 以上地区基本不用灌溉，但在降水量少的地区适当灌溉可提高生物产量，年灌水 3～5 次，产草量高。对氮肥、磷肥需求大，氮肥提高产量，氮磷复合肥提高种子产量。种子田一般施尿素 15～25kg/亩，分几次施肥效果好，施磷酸二铵 5～10kg/亩。

（五）病虫杂草防控

苗期生长缓慢，要及时清除杂草。混播草地及时清除有毒有害杂草；单播草地可通过人工或化学方法清除杂草。对于一年生杂草，也可通过及时刈割进行防除。

病害多见锈病发生，多在早春雨后潮湿时发生，可侵染幼株和成株，可用波尔多液、石硫合剂喷洒防治；也可采取及时而频繁的刈割来避免。

虫害主要有草地螟、蝗虫等，可用低毒、低残留药剂进行喷洒。

四、生产利用

该品种是优质的禾本科牧草，龙江无芒雀麦开花期风干样，粗蛋白含量为20.2%，粗脂肪18.3%，粗纤维26.5%，粗灰分11.2%，蛋白质含量高，叶量丰富，草质柔软，是优质蛋白饲草。

是刈割和放牧兼用型牧草，可和紫花苜蓿建植混播人工草地进行放牧利用，与紫花苜蓿混播建立人工草地，可提高产草量20%左右和弥补紫花苜蓿调制干草中的落叶性不足。也可单独播种刈割青饲和调制干草。

可放牧、青饲、青贮或调制干草。是用做干草、青贮、青饲和水土保持最好的冷季型禾本科牧草。营养价值很高，茎秆光滑，叶片无毛，草质柔软，适口性好，一年四季为各种家畜所喜食，是一种放牧和打草兼用的优良牧草。即使收割稍迟，质地并不粗老。经霜后，叶色变紫，而口味仍佳。被誉为"禾草饲料之王"。

亦可飞播改良天然草地，是水土保持，改土培肥，治理荒山、荒坡、退耕还草、退牧还草的理想草种。

龙江芒雀麦主要营养成分表（以风干物计）

生育期	CP (%)	EE (g/kg)	CF (%)	NDF (%)	ADF (%)	Ash (%)	Ca (%)	P (%)
初花期[a]	21.6	33.4	27.2	51.5	30.8	9.3	0.34	0.25
初花期[a]	24.4	19.0	25.0	55.2	28.6	8.1	0.43	0.32
初花期[b]	20.2	18.3	26.5	/	/	11.2	/	/

注：a为农业农村部全国草业产品质量监督检验测试中心连续2年测定结果；
  b为农业农村部谷物及制品质量监督检验测试中心（哈尔滨）测定结果。

龙江无芒雀麦根　　　　　　　龙江无芒雀麦叶

龙江无芒雀麦花序　　　　　　龙江无芒雀麦单株

17. 紫色象草

紫色象草（*Pennisetum purpureum* Schumab.'Red'）于 2002 年从巴西引进并进行扩繁，经过小区试种、适应性观察和生产性能测定结果表明，紫色象草适合我国热带、亚热带地区种植。2003—2005 年，在扩繁群体中选择单株产量高、分蘖多、叶量大、种茎粗壮、无病虫危害的种茎，经过连续多次选择，该品种表现出较耐寒、生长快、产草量高、耐刈割、再生性强、种茎粗壮等特点，鲜草达 225 000～375 000kg/hm^2，干草率为 19.33％，茎叶比 0.91：1，粗蛋白质含量达 11.7％，牛、羊、兔、大象、草食性鱼类等动物喜食。2014 年 5 月 30 日，由广西壮族自治区畜牧研究所申报，通过审定登记，登记号 468。该品种的花青素含量高，其中叶片达 2.25mg/100g，比对照品种高 216.90％、400.00％。

一、品种介绍

狼尾草属多年生丛生大型草本植物，株高 2.5～4.0m，茎秆和叶片紫褐色，须根，根系发达。茎秆直立，茎粗 3.5cm。分蘖多，每个茎秆约有 25～30 个节，叶鞘长于节间、包茎，长 10～19cm，叶鞘光滑或具疣毛。叶舌短小，有长 1～5mm 的毛。叶片长线形，扁平，质较硬，上面疏生刺毛或无毛，近基部有小疣毛，下面无毛，边缘粗糙。叶片长 1.0～1.5m，宽 3～6cm。

圆锥花序密生成穗状，长 10～30cm，宽 1～3cm，紫褐色，直立或稍弯曲。由许多小穗组成，每个小穗有 1～3 朵小花。小穗披针形，长 5～8mm，近无柄，脉不明显。第一颖或退化，第二颖披针形，第一外稃长约为小穗的 4/5，第二外稃与小穗等长。雄蕊 3 枚。颖果呈纺锤形，具光泽。11 月中旬抽穗开花。由于不能形成花粉或者雌蕊发育不良，因而一般不结实或结实率极低，实生苗生长缓慢，故生产上采用茎秆进行无性繁殖。

喜温暖湿润气候，适应性广，在海拔 1 200m 以下、年降水量 700mm 以上的热带亚热带地区均可种植。日均温达 15℃ 以上时开始生长，最适宜生长的季节是春末、夏季，温度为 25～35℃时生长速度最迅速。早春和秋末气温低时生长速度减弱；低于 8℃时生长明显受到抑制，能耐轻霜，但如低于 −2℃时间稍长则会被冻死。在广西、广东、福建等省大部分地区能越冬。在广西桂南一带能越冬，在广西桂北则部分叶片枯萎，但地下部分能安全过冬。适应性强，生长快，再生性好，产草量高，青绿期长。对土壤要求不严，适应性广，在各种土壤上均可生长。在沙土和黏土中均能生长。耐酸，但以土层深厚和保水良好的壤土生长最好。在山坡地如能保证水肥也可获得高产。分蘖力强，达 50～150 个，最多达 200 个。地肥分蘖多，地瘠分蘖少；湿润季节分蘖多，干旱季节分蘖少。根系强大，能深入土层，抗倒伏。较抗旱，在干旱少雨的季节仍可获得较高的产量。高温干旱季节时叶片稍有卷缩，叶尖端有枯死现象。但水分充足时，就会很快恢复生长。耐湿，但不耐涝。抗病虫性强，但冬季要防鼠，因为老鼠喜欢啃食紫色象草茎根。耐肥，对速效肥敏感，尤其是氮肥，在高水肥条件下生长快。水肥足就能获得高产。一般种植后 7～10d 即可出苗，15～20d 开始分蘖。在广西南宁 3 月上旬种植，3 月中旬出苗，3 月下旬开始分蘖。4 月上旬拔节，10 月下

旬孕穗，11 月中旬抽穗开花，12 月成熟，1 月小穗脱落。种植
1 次可利用 10 年左右，种植成本低。

二、适宜区域

适宜海拔 1 200m 以下、年降水量 700mm 以上的热带亚热
带地区种植。

三、栽培技术

（一）选地

紫色象草能适应多种土壤类型，最好选择土层深厚、疏松肥沃、
阳光充足、水分充足、排水良好的壤土地块作为种植地。

（二）土地整理

种植前要清除杂草、石块等，最好割除杂草或喷撒草甘膦等
除草剂。喷撒草甘膦后至少半个月后才能种草。整地要深耕，达
25～30cm，一犁一耙或二犁二耙，将土地整理细碎疏松。沙质
土、台地或低洼地应起畦，宽 2～3m，便于排水、灌溉和田间管
理。陡坡地要沿等高线挖穴种植，以利保持水土。如新开垦地，
最好在上一年冬天深翻土地，种前再犁耙各一次。

（三）播种技术

1. 种茎处理

选粗壮无病的、无损伤的、健康、粗壮、种芽较一致的成熟
茎作种茎。留茬 5cm，砍下种茎，砍掉叶稍，削掉叶片，剥离叶
鞘，如果是干旱季节，不用剥离叶鞘，以尽量使种茎水分能保持

多一点、时间长一点。将种茎砍成 2 节一段，每段要有有效芽 2
个，断口斜砍成 45°，一气砍下，尽量使刀口平整，减少损伤。
遇太阳烈气温高，用草、树叶等把还没来得及种植的种茎盖好，
以防晒干种茎，适当淋水。

2. 播种时间

2 月下旬至 10 月底均可种植，以 3—6 月份雨季种植最佳。
在日平均气温 15℃即可种植。在广西桂南，2 月下旬种植最好，
暖冬年份也可冬天种植。

3. 播种量

（1）种茎分级。一级种茎，粗壮、均匀，侧芽萌发率为
90％；二级种茎，较粗壮、均匀，侧芽萌发率为 80％；三级种
茎，一般，侧芽萌发率为 70％。

（2）种茎用量。一级种茎 1 500～1 800kg/hm²，二级
1 800～2 250kg/hm²，三级 2 250～3 375kg/hm²。

4. 施肥

该品种产量增长潜力大，需肥量大。只有在高氮肥的情况
下，才能获得高产。种草前施腐熟农家肥 15 000～30 000kg/
hm² 和钙镁磷肥 450～750kg/hm²，也可用复合肥 300～450kg/
hm² 作基肥。与土壤拌均匀。

5. 播种方式

（1）种茎繁殖。按行距 50cm 左右开沟，瘦地行距稍密些，
开沟深度 5～10cm。冬天种植时沟深 10～15cm，以保护种茎安
全过冬。选择成熟种茎砍成 2 节一段，然后按株距 30～35cm 将
种茎放于行内。在春季或能灌溉的地方，把种茎与地面呈 45 度
斜插于行壁上，种芽朝上，覆薄土 3～4cm，露顶 1～2cm。用脚
轻踩压实，淋水。在旱季又没有灌溉条件的，把种茎平放入沟
内，覆薄土，压实。保持土壤湿润。未种完的种茎堆放在阴凉

处，用树叶或杂草遮盖，淋水保湿，必须尽快种完。

（2）分蔸移植。分蔸繁殖成活率高。缺少茎秆时，可将根部挖出，分蔸种植。宜在雨季或有灌溉条件地方进行。先将茎秆叶片割除，留茬5～15cm。将整蔸连根挖起，分离植株，不要损坏根茎。每株应有1～2个有效芽。按种茎繁殖的株行距种植，淋定根水，并保持土壤湿润。或把已种植多年的老草地中健壮分蘖较多的老蔸，先割除地上茎叶，挖蔸一半或一半以上，分离植株。按前法种植。宜在春季雨天进行。已分离好的植株最好当天种完，确实没法种完的，按上法保存，适当淋水保湿。必须尽快种完。原来的老草地，要把土填回踩紧压实，板结的地要松根，施肥淋水，新长出来的草地像新种的草地一样。

（3）育苗移栽

①育苗时间：全年均可育苗，但以春季初夏为宜。

②种节准备：与前法略有不同。选取健康、无病虫害的茎秆、种芽健壮、均匀为作种节，种茎处理同用种茎繁殖的。每段至少保留一个完好无损的种芽。也可用生根粉浸种茎半天，有利于出苗生根。处理好的种茎要当天种完。

③苗地准备：育苗地应选水肥光照条件好的沙地或疏松的地块。施农家肥15 000～45 000kg/hm^2。整地深耕细作，地块应细、平、疏松，开畦宽150cm左右，挖好排水沟。

④开行：行距30～35cm，深10～15cm。施基肥。

⑤种植：将处理好的种茎按株距15～20cm平放到行里，保持土壤湿润。

⑥苗期管理：雨天排水，遇旱浇水。土壤板结的要松地。除草。当苗高15～20cm时，按75～125kg/hm^{2}施尿素，可兑水喷施。当苗生长到30～40cm时在阴天或雨天挖苗移植。种前先把苗中已生长的须根的分蘖分开，不要弄断苗，否则影响苗的成

活。起出来的苗和分开的分蘖苗的根部用泥浆浆根后及时种植，淋定根水。已起好的苗当天种完。

（四）水肥管理

施肥可在雨后进行，也可以在松土时把尿素放入植株根旁 $5\sim10cm$ 处，不能离根太近。施放尿素 $75kg/hm^2$ 或碳酸氢铵 $150kg/hm^2$。施肥后再覆土，以防肥料有效成分挥发。或在雨后把尿素溶入水中喷撒。喷撒应少量多次。松土除草时不能伤到植株幼苗和根部。也可施农家肥 $15\ 000\sim30\ 000kg/hm^2$、过磷酸钙 $150\sim225kg/hm^2$、氯化钾 $75kg/hm^2$。以后每次刈割后要除草施肥或灌溉。每次收割后 $2d$ 施尿素 $75kg/hm^2$，促进紫色象草快速生长和分蘖。肥多就分蘖多，分蘖多就产量高。秋冬季节收割最后一茬后，施农家肥一次，以使种茎种芽健壮，根部有足够的营养过冬。

遇旱要浇水，遇大雨要排水。浇水一般在上午完成。

（五）杂草病虫防控

该品种苗期生长较慢，杂草长得快。一般在种后 $30d$ 左右中耕培土除草施肥。收获前中耕除草一次，施肥 $2\sim3$ 次。如杂草较多则应酌情第二次中耕除草。

该品种病虫害不多，早期无病害发生。种植几年以后，有真菌性病害，如叶斑病等，可用甲基托布津或多菌灵喷施。虫害主要有钻心虫等，可喷乐果。按照说明书正确使用。农药要用低毒、低残留的药剂。喷药以后 $10d$ 后才能割来喂牲畜，以免草上有农药残留，动物食用后中毒。

因为紫色象草根茎有甜味，冬季老鼠喜欢吃，造成不同程度的危害。防鼠害的方法，主要是投放老鼠药或老鼠夹。投放老鼠药或老鼠夹要以防人畜中毒或被夹住。把草地周围的杂草割除干净或茎秆砍掉也能减轻鼠害。

四、生产利用

(一) 产草量

2006—2009 年，在南宁、凌云县和天等县进行了品种比较试验，年均产草量 148 830kg/hm²；2011—2013 年，在儋州、福州、湛江、南宁进行国家草品种区域试验，平均产草量 22 400kg/hm²；2011—2013 年，在南宁、凌云县、天等县、恭城县进行了生产试验，平均产草量 132 680～163 080kg/hm²。

(二) 营养价值

根据农业农村部全国草业产品质量监督检验测试中心测定的营养成分检验报告，干物质中粗蛋白含量 11.7%，粗纤维 28%，粗脂肪 2.3%，粗灰分 14.8%，钙 0.64%，磷 0.34%，粗蛋白比对照品种提高了 10.37%。粗脂肪比提高 25.70%～50.35%，钙含量提高 16.59%～17.15%，粗纤维降低 12.84%～14.99%，中性洗涤纤维降低 13.12%～14.49%，酸性洗涤纤维降低 10.81%～14.30%。

该品种花青素含量较高。检测结果表明，11 月紫色象草叶片中的花青素含量 2.25mg/100g，比对照品种提高了 216.90%～400.00%，差异显著。氨基酸总量 7.09%。氨基酸总量提高 43.23% 和 68.41%。

(三) 刈割时间

在水肥条件好的情况下，紫色象草移栽后 2 个月左右当株高 80cm 以上时可进行第一次刈割，在上午或紫色象草上露水已干时刈割。以后每一个月，当草自然高度达 100～150cm 时再刈割。全年可收获 5～7 次。最好是根据饲养动物种类而确定刈割高度：喂小型动物如兔、鹅、草食性鱼类等，生长至 50～80cm 时刈割，喂时切成长度为 1～2cm 一段；喂大型草食动物如牛、羊、鹿、大象等，生长到 100～150cm 时刈割，喂时切成 2～3cm 长。首次刈割时，留茬高度为 2～3cm。再次刈割时，留茬 3～4cm 高，以后保持留茬高度在 5cm 左右。每次割后施尿素 75～150kg/hm²，最好分两次施放，以提高尿素的利用率，减少挥发率。也可以兑水喷施。每次刈割或每半年施放一次农家肥，15～30t/hm²。

（四）利用方式

紫色象草最方便的利用方式是青饲。在拔节初期时第一次刈割的草营养品质最好、生物产量最高，叶量大，茎叶比适中，草质嫩，粗蛋白和粗脂肪含量高。随着刈次增加营养逐渐降低，粗纤维含量逐渐提高，草质逐渐变劣。所以及时收割，可获得较高的草品质。已刈割的草等稍晾干后切碎或整株饲喂家畜，可减少水分食入量，提高干物质采食量，也提高紫色象草的适口性。

用紫色象草调制青干草较不常见。在春夏生长旺季，把多余的鲜嫩草，制成青干草。将紫色象草割倒后，就地摊晒 2～3d，晒成半干，搂成小草堆，使其进一步风干。将青草晒至含水量 20％左右，再打捆入库贮存。紫色象草茎秆比较粗壮，应碾压压碎其茎秆，以便容易制干。

紫色象草也可制作草粉或草饼，草粉可添加入猪禽饲料中，降低养殖成本。

紫色象草通过揉搓揉丝后作牛、羊、猪、草食性鱼饲料，利用率高。饲喂空怀母猪，增加饲料中的维生素和纤维素，减少家畜便秘发生率，节约饲养成本。

17. 紫色象草

紫色象草的花青素可作动物饲料的绿色添加剂，还能保护人体免受自由基的损伤、增强血管弹性、增进皮肤的光滑度、抑制炎症和过敏、改善关节的柔韧性，还可作生产乙醇、沼气、制作固体燃料、造纸等的原料。

紫色象草蓿主要营养成分表（以风干物计）

品种	H_2O (%)	DM (g/kg)	CP (%)	EE (%)	CF (%)	NFE (%)	Ash (%)	Ca (%)	P (%)
紫色象草	82.66	17.34	7.28	3.33	34.74	44.58	10.07	0.23	0.84

注：由广西壮族自治区畜牧研究所动物营养研究室测定。

紫色象草叶

紫色象草花序

紫色象草单株

紫色象草群体

18. 滇北鸭茅

滇北鸭茅（*Dactylis glomerata* L. 'Dianbei'）为 2000 年 7 月在云南昆明寻甸至会泽途中海拔 2 250m 的高山地区灌木丛采集到原始亲本材料，后经十多年的连续混合选择、栽培驯化选育而成的野生栽培品种。2014 年通过全国草品种审定委员会审定登记，登记号为 464。该品种基生叶丰富，春季生长速度快，分蘖能力强，再生性好，耐刈割，主要用于割草地和混播草地，在西南及周边适宜地区，每年可刈割 4～5 次，干草产量达 11 000～15 000kg/hm²，是西南区石漠化生态治理和种草养畜的优良牧草品种。

一、品种介绍

禾本科鸭茅属多年生草本植物，为冷季疏丛型牧草，根系发达；茎直立，株高 115～135cm，茎基成扁状；基生叶丰富，成熟植株叶片长约 44cm，宽 12～15mm。圆锥花序长 20～30cm；小穗长 6～9mm，每小穗含 2～5 朵小花，小穗单侧簇集于硬质分枝顶端，形似鸡足。种子长 2～3mm，宽 0.7～0.9mm，千粒重约 1g。

滇北鸭茅系冷季型禾草，喜温凉湿润气候。耐热、抗旱、抗寒、抗病、耐瘠薄；耐阴性强，特别适合石漠化生态环境治理和林（果）间作。春季生长速度快，分蘖能力强，单株分蘖数可达

150 个，再生性好，耐刈割，年可刈草 4～5 次。营养价值高，各种家畜均喜食，在开花前刈割，绝干草样的粗蛋白质含量为 16.82%。在西南山区秋播，翌年 2 月下旬进入拔节期，4 月中下旬开始抽穗开花，5 月下旬或 6 月初种子成熟，生育期 245～264d。

二、适应区域

适宜于西南丘陵、山地温凉湿润地区种植，海拔 600～2 500m 为最适区。

三、栽培技术

（一）选地

滇北鸭茅对土壤要求不严，在各种土壤上均可以生长，但以中性、微酸性，土质良好的黏壤土或沙壤土最好。

（二）整地

种子细小，苗期生长缓慢，播种前采取人工除杂草或者在播前一周用灭生性除草剂喷洒，防治杂草，同时清除石块、铁屑等杂物。土地翻耕深度为 35～40cm，耕后耙平，要求土块细碎，土块直径≤1.5cm，地面平整，墒情好，使种子与土壤紧密接触，并挖好排水沟。

（三）播种技术

1. 播种期

适宜于春季或秋季播种，长江流域适宜秋播，以 9—10 月为最佳播种期。

2. 播种量

单播播种量为 15～18kg/hm²，与白三叶、黑麦草混播，混播比例为鸭茅：黑麦草：白三叶为 1：0.5：0.5。

3. 播种方式

条播、撒播均可。宜条播，行距 25～30cm，播幅 3～5cm，播深 1～1.5cm，播后细土拌草木灰覆盖种子。

（四）水肥管理

在耕作前应施基肥。基肥多为人畜粪尿，要求充分腐熟，施肥量根据土壤肥力状况，亩施有机肥 1 000～1 500kg，或者施复合肥 20～35kg。播种后浇水，让种子与土壤充分接触，以利发芽。在瘠薄的土壤上，除施足基肥外，每利用 1～2 次后，还应结合灌溉每公顷施 60～90kg 尿素。

对于种子生产田，根据苗情，在分蘖、拔节期每亩分别追施 5～10kg 速效性氮肥。幼穗形成期可酌情施用磷肥、钾肥，同时施以适量含钙、钼和锰等微量元素的肥料，有利于种子生产。有灌溉条件的地方，应在拔节期灌溉一次，结合追肥或单独进行。孕穗至开花期灌溉 1～2 次。若遇涝灾影响鸭茅正常生长，要求及时排涝。

（五）病虫杂草防控

鸭茅常见病害为锈病、叶斑病、条纹病、纹枯病等，均可参照防治真菌性病害法进行处理，可用国家规定的药物防治，如对锈病可喷施粉锈灵、代森锌等。同时注意早期合理的施肥和灌溉，以及选用无病虫害的种子进行播种。滇北鸭茅播种 5d 后出苗，幼苗生长较为缓慢，苗期应注意防除杂草，保证鸭茅的正常生长。

四、生产利用

滇北鸭茅主要作为割草地和混播草地利用，可与茶、桑、果树等经济作物间作。利用期长，在南方年可刈割 4～5 次，干草产量达 11 000～15 000kg/hm²。叶量丰富，草质柔嫩多汁，适口性好，刈割后青饲或调制干草适合于猪、鹅、兔等多种畜禽。耐牧性强，尤宜与白三叶、紫花苜蓿混种以供放牧，如管理得当，可维持多年。

滇北鸭茅主要营养成分表（以干物质计）

年份	收获期	CP （%）	EE （g/kg）	CF （%）	NDF （%）	ADF （%）	CA （%）	Ca （%）	P （%）
2010	抽穗期	16.14	2.76	36.52	60.30	38.85	9.77	0.24	0.16
2011		16.82	2.08	28.21	61.76	31.77	7.00	0.54	0.25

注：数据由农业农村部全国草产业品质质量监督检验测试中心提供。

滇北鸭茅花序

滇北鸭茅单株

滇北鸭茅群体 1   滇北鸭茅群体 2

19. 京草 2 号偃麦草

京草 2 号偃麦草 [*Elytrigia repens* (L.) Nevski 'Jingcao No.2'] 是以新疆天山北坡野生偃麦草群体为选育材料，利用无性系单株选择和有性繁殖综合品种的选育方法，在野生偃麦草群体中选择 16 个优良单株构成基础群体，经 2 个轮次的混合选育而成。由北京草业与环境研究发展中心于 2014 年 5 月 30 日登记为育成品种，登记号为 475。

一、品种介绍

禾本科偃麦草属多年生根茎疏丛型禾草。株型直立，分蘖多，叶片绿色或深绿色，质地较柔软细致，长 15～25cm，宽 0.4～0.6cm；穗状花序，长 9～17cm；小穗单生于穗轴之每节，含 8～12 小花，颖披针形，长 0.8～1.1cm，边缘膜质，具 5～7 脉；外稃披针形，内稃稍短于外稃；种子颖果矩圆形，暗褐色，千粒重 2.6g。

根茎系统发达且蔓生速度快，地面覆盖能力强。北京地区春季返青早，3 月上中旬返青，生育期 140d 左右，绿期长达 260d，密度高，达 0.6～0.8 分蘖枝条/cm^2，成坪速度快，10cm 行距直埋根茎 50d 左右即可成坪。抗寒性强、越冬性好，北京、天津和太原地区的田间自然越冬率均可达 100%。抗旱性、抗病虫性和耐热性均强。北京地区年平均干草产量达 4 442.2kg/hm^2，抽穗期粗蛋白含量 16.0%。该品种适宜于我国北方城市低养护草坪绿地，铁路、公路、水系边坡和荒坡等草坪绿地建植，不宜在基本农田种植。

二、适宜区域

适应于我国北方干旱半干旱地区种植。

三、栽培技术

（一）选地

该品种适应性强，对土壤要求不严格，具有一定耐盐碱能力，可用于园林绿地建植，亦可用于公路边坡、水库库滨带、轻度盐碱化等边沿土地建植。但不可用于基本农田中，否则作为杂草清除困难。

（二）土地整理

利用机械对坪床进行耕翻和耙糖，使土壤疏松平整并清理杂草，可结合整地每亩施用有机肥 1 000～3 000kg 作基肥。

（三）播种技术

1. 种子直播建植技术

（1）播种期。该品种一般对播种期要求并不十分严格，可根据当地自然条件和生产要求的具体实际情况来确定。一般适宜于春播或秋播，其中 7—8 月播种最佳，此时土壤墒情较好，且建植后杂草较少，节约建植管理成本，有利于出苗保苗成活。

（2）播种量。该品种既可作为草坪绿地建设用的理想草种，又可作为人工饲草地建植的优质草种；用于草坪绿地建植时实际播种量为 $15\sim20\mathrm{g/m^2}$；用于人工饲草地建植时播种量为 $30\sim45\mathrm{kg/hm^2}$。

（3）播种方式。一般采用撒播，撒于土表后马上轻耙，将土壤和种子混合，并及时进行镇压与灌水；也可采用条播方式，行距 $15\sim30\mathrm{cm}$，浅覆土厚度一般小于 $1.0\mathrm{cm}$。

2. 直埋根茎建植技术

（1）建植期。适宜于春季和秋季直埋根茎建植。

（2）根茎营养体播量。采用根茎营养体直埋方法建植，需根茎量鲜重约 $90\sim120\mathrm{g/m^2}$。

（3）建植技术。将挖取的地下根茎剪切成带有发育良好根茎芽 $3\sim8$ 个的根茎段，每段长约 $10\sim20\mathrm{cm}$，在准备好的坪床上，人工或机械开沟，深度 $5\sim6\mathrm{cm}$，作为草坪绿地建植行距 $10\sim15\mathrm{cm}$，作为人工饲草地建植行距亦可选择 $30\sim50\mathrm{cm}$，顺沿开好的小沟，将剪好的根茎段平行依次放置于沟中，每条行沟内并排平行放置 $2\sim3$ 列，覆土约 $3\sim5\mathrm{cm}$，及时进行人工或机械镇压，并灌水浇透；直埋根茎后，要适时喷水，保持土壤表层湿润以避免板结，以保证根茎芽的活力恢复和正常生长。

（四）水肥管理

该品种抗旱性强，每年于越冬前和返青后浇水一次即可，作草坪绿地利用时，为保证草坪绿地建植效果美观，在每次修剪后可浇水一次，特别是在干旱和高温季节需每月浇水 $1\sim2$ 次，可以提高草坪绿地质量并降低夏枯现象发生；浇水时最好在傍晚进行，浇至土层湿润达 $15\mathrm{cm}$ 处，结合浇水施入尿素 $5\sim10\mathrm{g/m^2}$；作人工饲草地利用时，每次刈割后浇透水一次，结合浇水施用尿素 $10\sim15\mathrm{kg/hm^2}$。

（五）病虫杂草防控

京草 2 号偃麦草苗期生长缓慢，要人工及时清除杂草，刚建植的草坪绿地还未成坪前，由于植株幼苗相对较小且生长缓慢，可选用人工或机械清除作业的方式，及时进行杂草的防除，以保证幼苗的正常生长；当建植成坪后，其发达的根茎系统及强大的土壤侵占能力，基本上不需要专门进行杂草防除；病虫害较少，一般不需要防治，但在夏季高温高湿条件下，偶尔会有病虫害的发生，可采用广谱杀虫剂进行防治。

（六）草地复壮

人工种植草地生长至 4～5 年后容易形成板结层，造成土壤水分不足，通气不良的现象发生，并致使草地产量下降、草坪绿地效果变差，所以在生长 3 年后于早春返青前用圆盘耙或浅耕犁耕切割草皮，疏松土壤，以便草地的复壮更新。

四、生产利用

据农业农村部全国草业产品质量监督检验测试中心检测，该品种抽穗期（以干物质计）粗蛋白含量 16.0%，粗脂肪含量 2.4%，粗纤维含量 31.4%，中性洗涤纤维含量 29.5%，酸性洗涤纤维含量 32.5%，粗灰分 8.0%，钙含量 0.37%，磷含量 0.19%。

该品种具有发达的横向地下根茎，适宜用来草地放牧利用，亦可作人工割草地利用，一年可收割两茬，于抽穗期收刈第一茬，降霜前半个月收刈第二茬，留茬高度 3～4cm；作为种子生产田，宜在 80%～90% 的种子成熟时收种，不宜过迟；作为草坪绿地生态环境建设用，宜遵照 GB/T 19535.2（城市绿地草坪建植与管理技术规程 第2部分：城市绿地草坪管理技术规程）中规定的刈割管理方法执行。

京草2号偃麦草主要营养成分表（以风干物计）

单位:%

序号	项目	抽穗期	再生草
1	含水量	2.6	3.8
2	粗蛋白	16.0	19.4
3	粗纤维	31.4	21.7
4	粗灰分	8.0	9.1
5	粗脂肪	2.4	1.3
6	中性洗涤纤维	59.5	45.6
7	酸性洗涤纤维	32.5	26.6
8	钙	0.37	0.3
9	磷	0.19	0.06

注：由农业农村部全国草业产品质量监督检验测试中心分析测试。

京草2号偃麦草根茎　　　京草2号偃麦草叶

京草 2 号偃麦草花序　　京草 2 号偃麦草群体

20. 英迪米特燕麦

英迪米特燕麦（*Avena sativa* L. 'Intimidator'）是由美国 OREGRO 种子公司利用亲本群体"Magnum"燕麦，选择群体中优异植株，后经过多代选择而成，该品种于 2007 年在美国登记，品种所有权属于 OREGRO 种子公司，于 2011 年由四川农业大学和北京猛犸种业有限公司从美国引入。由四川农业大学、北京猛犸种业公司等单位联合申报，2019 年通过审定，登记号 573。该品种与同类品种相比，具有一定产量优势：国家区域试验表明在其适宜种植区域（贵州贵阳、四川新津、重庆南川、四川西昌）产量高，每公顷干草产量达 8~11t，比对照平均增产 19.09%。

一、品种介绍

禾本科一年生草本植物，须根发达。茎秆直立，植株高大，约 120cm，比一般燕麦品种高 12% 左右；叶片宽而平展，长 15~50cm，宽 0.8~1.5cm，无叶耳，先端微齿裂；圆锥花序开散，穗轴直立或下垂，由 4~6 节组成，下部各节分枝较多；小穗着生于分枝顶端，每小穗有小花 2~6 朵，稃片宽大，斜长卵形，膜质；颖果纺锤形，外稃具短芒或无芒，千粒重 35.7g。

适宜生长在温暖湿润气候，抗寒耐旱，中晚熟，分蘖较多，叶片肥厚，细嫩多汁，适口性好，蛋白质可消化率高，营养丰富，生长旺盛，适应能力强。

二、适宜区域

该品种在四川、贵州和重庆平坝及丘陵山区具有较好的适应性，丰产性较好，适宜于在该地区进行推广应用。

三、栽培要点

（一）选地

适宜于各种土壤。燕麦对土壤要求不严格，最宜在土壤耕层深厚、地势平坦、土质疏松、富含有机质的壤土或砂壤土上生长，对土壤酸碱度耐受范围宽。适应性强，在旱薄地、盐碱地、沙壤土中的长势比其他作物好。

（二）土地整理

根据土质肥瘦，播前深翻松耙，清除杂物，施足底肥。播种前，应在种植地四周挖排水沟，以方便排水和灌溉，防止后期燕麦出现倒伏现象。整地要点是深耕和施肥，应做到早、深、多、细。形成松软细绵、上虚下实的土壤条件，做到深耕、细耙、镇压。深耕不仅能蓄水，还有消灭杂草、促进根系发育、防倒伏的作用，一般耕深 25～30cm，耕后及时耙糖。燕麦对氮肥非常敏感，应结合整地施足基肥，基肥应选用腐熟的农家肥，每亩用量 1 000～2 000kg。

（三）播种技术

1. 种子处理

播前将种子在太阳下摊晒，起到灭杀种子表面病菌，提高种子发芽率，促进苗齐、苗壮的作用。为了避免和减少燕麦发生病虫害而影响生长和产量，在播种前可选择一些药剂来拌种，以防治病虫害。用乐果乳剂拌种，可防止燕麦黄萎病的发生，用量为种子重量的 0.3%；用非醌或拌种灵拌种，可防止燕麦黑穗病、锈病及病毒病，用量分别为种子量的 0.3% 和 0.15%；防治地下害虫可用辛硫磷随种拌入土壤。

2. 播期及播量

在西南地区每年 10 月上旬至下旬播种，宜条播，播种量为每亩 8～10kg。在肥力高或生产水平高的地块，播种量可适当增加。瘠薄地或旱地播种量宜 6～8kg。若在盐碱地种植燕麦，播种量应不少于 25kg。

3. 播种方式

在播种时，尽量使用机械或者其他方式进行开沟条播，条播行距 20～25cm，播深以 3～5cm 为宜，若土壤干旱，可适当播深一些。播后耙地，有利于保墒出苗。

（四）水肥管理

燕麦对氮素敏感，增施氮可以显著提高产量，磷肥则有利于壮苗，钾肥提高植株的抗倒伏能力，因此在播种时，根据地力和底肥施用情况确定种肥用量。一般用磷酸二铵或复合肥做种肥，1kg 种子用 0.5kg 化肥。

燕麦在拔节期到抽穗期需肥量大，追肥应在拔节期和抽穗期进行，并结合灌溉或降雨施用，施量为每亩施尿素 10～15kg，最好分两次施用。燕麦生长至抽穗后不可使用氮肥，否则会延迟成熟。

燕麦是耐寒性较强的作物，在有灌溉的条件下，结合中耕，在分蘖期、拔节期和抽穗期灌水，可实现高产。燕麦不耐积水，在雨涝时必须人工挖沟及时排水。

（五）病虫杂草防控

1. 杂草防治

若苗期有少量杂草，可在燕麦生长至 4～5 叶期进行中耕除草，耕深要浅，以防伤害幼苗根系；拔节期可深耕除草，促进壮秆防止倒伏。若杂草危害严重，人工难以防除，可采用化学除草剂除草。燕麦对除草剂反应较其他禾谷类作物敏感，因此在除草剂种类的选择上一定要慎重。播后苗前可采用 48％仲丁灵处理土壤；在苗期可使用 40％二甲新酰溴进行茎叶处理。

2. 病虫害防治

燕麦发生的主要病害有坚黑穗病、红叶病、锈病，虫害主要有黏虫、麦类夜蛾及地下害虫。燕麦病虫害的防治应遵循预防为主、综合防治的原则。播种前将土壤深翻，清除前茬作物的宿根及枯枝落叶，减少病虫害来源。

药剂防治时要适时适量对症用药。坚黑穗病可用拌种双、多菌灵或甲基托布津（甲基硫菌灵）以种子重量 0.2％～0.3％的用药量进行拌种；红叶病可用 50％的辛硫磷乳油喷雾灭蚜。锈病始发期和始盛期及时喷洒 20％三唑酮乳油 1 500～2 000 倍或 20％敌锈钠可湿性粉剂 1 000 倍液，隔 15～20d 喷 1 次，防治1～2 次。黏虫可用 80％敌百虫或 20％速灭丁乳油喷雾防治。对于地下害虫可用 75％甲拌磷颗粒剂每亩 1.0～1.5kg 或 50％辛硫磷乳油每亩 0.25kg 配成毒土，均匀撒在地面，耕翻于土壤中防治。

四、生产利用

燕麦是一种营养价值极高的饲料作物，其籽实是很好的精饲料，秸秆比较柔软，适口性较好，在抽穗至开花期刈割利用，可青饲、晒制干草、青贮均可。

英迪米特燕麦产量高、适应能力强，年平均干草产量达 12 815.06kg/hm²，叶量丰富，分蘖较多，叶片肥厚，适口性好，蛋白质可消化率高，营养丰富，各类家畜均喜食；抽穗至开花期刈割，细嫩多汁。燕麦收获时水分含量低，易于调制青贮料。

英迪米特燕麦主要营养成分表（以风干物计）

单位：%

生育期	CP	EE	CF	NDF	ADF	Ash	Ca	P
抽穗期	9.9	1.77	29.2	53.8	33.8	9.1	0.52	0.24

注：为农业农村部全国草业产品质量监督检验测试中心测定结果。

英迪米特燕麦茎　　　英迪米特燕麦花序

英迪米特燕麦单株　　　　　　　英迪米特燕麦群体

21. 爱沃燕麦

爱沃燕麦（*Avena sativa* L. 'Everleaf 126'）是北京正道种业有限公司从美国引进的燕麦品种，2019 年通过全国草品种审定委员会审定登记，登记号为 574。爱沃燕麦的主要育种目标是牧草产量高，品质好，高抗冠锈病和茎锈病，主要用于我国华北、东北、西北等地区燕麦干草及青贮的生产利用。

一、品种介绍

一年生草本。植株高 100～120cm，根系发达，茎秆直立光滑，叶鞘光滑或背有微毛，叶舌大，没有叶耳，叶片扁平；花穗紧凑，穗轴直立，向四周开展。是超晚熟品种，全生育期 115d 左右，不同的水肥条件对生育期影响较大。适宜种植范围广，且抗病性强，尤其高抗叶锈病和茎锈病。叶片宽大，叶量丰富，叶茎比高，具有较高的牧草品质，饲用价值高，各类家畜喜食。生长过程中几乎没有黑穗病发生，抗倒伏能力较强，有利于后期机械收获，在减少损失的同时也降低了牧草灰分含量。

二、适宜区域

该品种抗旱能力强，适宜种植范围广泛，可在北方地区春播，南方秋播。目前主要种植在我国的内蒙古、新疆、甘肃、青海、宁夏、辽宁、黑龙江、吉林、河北、山西及云南、贵州的高海拔地区，进行青饲、干草收获或者青贮利用。

三、栽培技术

（一）选地

爱沃燕麦对氮肥敏感，前作以豆科植物最为理想，增产效果显著。燕麦对土壤要求不严格，农田、沙地和荒坡地均可栽培。大面积种植时应选择较开阔平整的地块，以便机械作业。燕麦忌连作，应注意倒茬轮作。

（二）土地整理

播种前需要深耕精细整地，对土地进行深翻，翻耕深度不低于 20cm，如果是初次种植的地块，翻耕深度应不低于 30cm。翻耕后对土壤进行耙磨，使地块尽量平整。播后进行镇压，使种子和土壤接触良好，以利于后期的出苗。在地下水位高或者降水量多的地区要注意做好排水系统。

（三）播种技术

1. 播种期

播种期因地区而异，北方春播燕麦一般于 2 月下旬至 4 月下旬播种，南方秋播燕麦于 10 月下旬至 11 月中旬播种。

2. 播种量及播种方式

宜选用苜蓿、草木樨、豌豆、蚕豆等豆科作物为前作。土壤瘠薄的地块，可连续采取轮歇压青休闲的轮作制。灌溉地要选用抗倒伏、耐水肥、抗病的良种。春播燕麦区为避免干热风危害，土温稳定在 5℃时即可播种。旱地燕麦要注意调节播种期，使需水盛期与当地雨季相吻合。爱沃播种量建议为 $120\sim150kg/hm^2$，为获得高产优质的青饲料，可适当增加播量。行距 $15\sim30cm$，播深 $3\sim4cm$，干旱地区可适当播深，播后镇压以利于出苗。

（四）水肥管理

燕麦对氮肥反应敏感，施氮肥可以显著增产，施用磷肥可以形成壮苗，施用钾肥可以增强植株抗倒伏能力，播种时，根据地块的肥力和底肥施用情况确定种肥用量，大量施用有机肥对燕麦的丰产作用也很明显。在燕麦需要水肥的关键期，及时施肥、灌水。燕麦的苗期需水量相对较多，应视土壤墒情浇水，土壤墒情不好时应及时浇水，每次的浇水量应浇足浇透。燕麦的拔节期至抽穗期是需水需肥的关键期，应根据土壤墒情及时浇水。燕麦抽穗前需肥量较大，在燕麦抽穗前追肥是保证燕麦优质高产的重要措施，为了及时满足燕麦抽穗期对养分的需要，应在燕麦抽穗前尽早追施一次叶面肥，追肥量不宜过多，否则会对燕麦产生生理障碍。每亩用磷酸二氢钾 200g，兑水 1 000 倍后进行喷施，喷施应在晴天的下午或者阴天进行，能起到补磷补钾的双层作用。需要注意的是，如果雨水太大，要注意排水，防止倒伏。

（五）病虫杂草防控

燕麦在盐碱地种植时，出苗前若表土出现板结，可以轻耙一次，以利于出苗。燕麦苗期生长速度快，与杂草竞争能力强，一般不需要使用除草剂。但苗期杂草太多，可使用 2,4 - D 丁酯进行化学除草，每公顷用药量不超过 1.5kg。在分蘖或拔节期进行第二次除草时，结合灌溉、降雨施入追肥。

四、生产利用

燕麦是一种产量高、品质好、易于管理的青刈饲料，在冬季较为温暖的地方可秋播供冬春季利用，在冬季严寒地区则春播利用。乳熟期至成熟期均可收获，可用于鲜饲、青贮、调制干草或利用燕麦地放牧，是一种很有潜力的饲草。燕麦的再生能力强，两次刈割能为畜禽提供优质青绿饲料，第一次刈割要适当提早，留茬高度 5～10cm，刈割后 30d 即可进行第二次刈割。

爱沃燕麦主要营养成分表（以风干物计）

生育期	DM（%）	CP（%）	NDF（%）	ADF（%）	Ash（%）	Ca（%）	P（%）	RFV
乳熟期	5.69	9.43	59.69	42.36	6.49	0.51	0.21	87

注：RFV 为相对饲喂价值。

数据来自蓝德雷饲草饲料品质检测实验室。

爱沃燕麦花序　　　　　　　爱沃燕麦群体

22. 中科 1 号羊草

中科 1 号羊草（*Leymus chinensis*（Trin.）Tzvel.'Zhongke No.1'）是中国科学院植物研究所以野生羊草为原始材料，采用株系混合法培育出的优良牧草新品种。2014 年通过全国草品种审定委员会正式审定，登记号为 471。中科 1 号羊草种子发芽率高，可达 60% 以上；叶量丰富，每公顷干草产量 5 000～7 000kg，最高可达 12 000kg/hm²；每公顷种子产量 500kg，最高可达 900kg/hm²；粗蛋白质含量高，品质优，适口性好；抗寒、耐旱、耐盐碱、抗病。适宜我国北方地区种植，可作为优良牧草用于人工草地建植和退化草地改良。

一、品种介绍

禾本科赖草属多年生草本。具发达根状茎，须根系。杆直立，疏丛状，株高 90～110cm；叶片灰绿色，直立上举，叶长15～37cm，叶宽 7～11mm；穗状花序，穗长 18～25cm；每节1～2 小穗，每小穗 5～9 朵小花，花药橘黄色；种子带稃具有很短的芒尖，长椭圆形，颖果长 5mm 左右，种子千粒重约 2.3g。

种子适宜发芽温度 16～28℃。成年植株耐寒、耐旱，我国北方地区均可生长，最适生长环境温度 12～30℃，成年植株能耐受−50℃的极端温度。气温超过 40℃时生长受阻，持续高温高湿且昼夜温差小的条件下，植株生长缓慢，易发生病虫危害。对土壤要求不严，喜排水良好、土质肥沃的沙壤土和壤土，土壤适宜 pH 6.5～9.5。

二、适宜区域

该品种适应区域广，如用于种子生产，则适宜我国北方光照充足、降雨较少地区种植（年降雨 300～550mm）；如果用于牧草生产，我国温带大部分地区均可种植。

该品种适宜播种的时间依种植区气候而异，羊草种子在 15℃的温差条件下容易萌发。华北平原地区适宜 3—4 月春播，第二年 5 月开花，6 月下旬至 7 月初种子成熟，生长期 200～250d；东北平原、内蒙古高原、西北地区宜 5—7 月播种，生长期 150～180d。

三、栽培技术

（一）选地

该品种适应性强，耐寒、耐旱、耐盐碱、耐贫瘠，多数土地、林间均能正常生长。大面积种植时应选择较开阔平整的地块，以便机械作业。开展种子生产时，要选择光照充足、天然降雨少、花期无干热风的地区。

（二）土地整理

种子生产田、人工草地建设，需要深耕精细整地。翻耕土地时，将植物残茬、杂草、有害虫卵翻入深层，深度 15～25cm，有利于疏松耕层，纳雨贮水，杂草严重时可采用除草剂处理后再翻耕。在翻耕的基础上进行旋耕，深度 12cm，将土块打碎，平整土地。在土壤黏重、降雨较多的地区要开挖排水沟。为提高草产量或种子产量，可在翻耕前施入农家肥作为底肥。

（三）播种技术

1. 种子处理

可采用种子丸粒化技术，包衣剂中加入吸水剂、杀虫杀菌剂、微肥、生根剂等。种子丸粒化，不但有利于提高种子出苗、壮苗、抗逆等能力，而且便于机械化播种，节省劳动力成本。

2. 播种期

理论上一年四季均可播种，但为提高生产效益，华北平原地区适宜 3—4 月春播；东北平原、内蒙古高原、西北地区宜 5—7 月播种；南方温带地区适宜春秋两季，3—4 月、9—10 月播种；亚热带地区适宜 11—12 月播种。

3. 播种量

人工草地建植或种子田，适宜播种量 30～45kg/hm^2。退化草地改良可与适宜当地种植的其他草种按不同比例搭配。

4. 播种方式

可采用条播、撒播或喷播等方式，大面积人工草地建植及种子田生产中，以条播为主。条播时采用小麦播种机或羊草专用播种机，行距 15～30cm，播深 1～2cm。人工撒播时可将种子与细沙混合均匀，撒播后可轻耙地面并进行镇压，使种子与土壤紧密接触。喷播适用于高速公路（铁路）边坡绿化、边坡防护、山体治理、矿山复绿、荒漠治理等工程。

（四）水肥管理

在缺水地区，需要抓住灌溉的敏感时期：播种后至三叶期、霜降前枯黄期、拔节期、抽穗期、开花期、一茬羊草收获后。可采用喷灌、漫灌、滴灌等灌溉方式。

播种至出苗需要保持土壤墒情 40%～70%，防止水分过多。出苗后到三叶期，根据苗情及时灌水，保证幼苗正常生长，幼苗期灌水量为 $300m^3/hm^2$。第二年返青至拔节期灌水量 300～$600m^3/hm^2$，抽穗期灌水量 $400m^3/hm^2$，灌浆期灌水量 $400m^3/hm^2$，一茬羊草收获后灌水量 $300m^3/hm^2$，入冬前灌水量 $600m^3/hm^2$，以保证羊草顺利越冬。

雨季要及时排水，防治涝害发生。

（五）施肥

播种前施底肥（农家肥、厩肥）30～$50m^3/hm^2$，磷酸钾复合肥 300～$450kg/hm^2$。

拔节期施用磷酸钾复合肥 $300kg/hm^2$，一茬羊草收获后施用尿素 $150kg/hm^2$，施肥后均需要立即灌水。

盐碱地施肥可以考虑腐殖酸水溶肥，实现水肥一体化节约成本。

（六）病虫杂草防控

苗期生长缓慢，要及时清除杂草。混播草地及时清除有毒有害杂草；单播草地可通过人工或化学方法清除杂草。每公顷可喷施 450g 二甲四氯钠与 225g 苯磺隆的混合除草剂。

四、生产利用

该品种营养丰富、产量高，据农业农村部全国草业产品质量监督检验测试中心检测，返青至拔节期粗蛋白含量为 33.97%，粗脂肪 4.0%，无氮浸出物 30.23%，粗纤维 16.99%，粗灰分 9.55%，钙 0.42%，磷 0.49%；花期粗蛋白含量为 15.06%；种子成熟期粗蛋白含量为 13.08%。该品种既可用于放牧，也可调制干草。调制干草第一茬刈割可选在盛花期进行，单位面积可获得最高营养价值，留茬高度 5～10cm，每年可刈割 1～3 次。

羊草是多年生禾本科牧草，具有抗寒、抗旱、耐贫瘠、耐盐碱、耐牧等多种优良特性，网状根系发达，有利于保持水土。该品种还可用于盐碱地改良、退化草地修复、沙化土地治理、戈壁滩建植、尾矿修复等生态修复工程。

中科 1 号羊草主要营养成分表（以风干物计）

生育期	CP（%）	EE（g/kg）	CF（%）	NDF（%）	ADF（%）	Ash（%）	Ca（%）	P（%）
返青期	33.97	4.0	16.99	40.43	17.99	9.55	0.42	0.49
开花期	15.06	2.72	34.08	61.03	30.05	9.59	0.37	0.22
成熟期	13.08	4.1	34.4	66.93	35.47	6.0	/	/

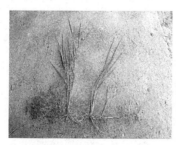

中科 1 号羊草叶和根茎

中科 1 号羊草花序

中科 1 号羊草单株　　　　中科 1 号羊草群体

23. 滇东北薏苡

滇东北薏苡（*Coix Lacrgma - jobi* L.'Diandong bei'）是贵州省亚热带作物研究所，于 2019 年 12 月审定登记的草品种，登记号为 578。该品种平均鲜草产量 91 590kg/hm²，比对照增产 45.4%。

一、品种介绍

一年生禾本科草本。植株高大，株高 270～300cm；须根系，黄白色；茎直立，有分枝；叶长 45～65cm，宽 3～5cm；总状花序长 81.40cm，常具较长总梗；花雌雄同株，上部为雄花，下部为雌花，雌穗先于雄穗成熟，异花授粉，花粉橘黄色；果实为颖果，大粒，壳较硬，长 0.8～1.0cm，宽 0.65～0.9cm；种子卵圆形，腹沟明显，长 0.5～0.7cm，宽 0.6～0.75cm。

喜暖潮疏松、肥沃土壤。宜海拔 1 000～1 600m 地区种植。4 月初至 5 月中旬播种，年可刈割鲜草 2～3 次，单产 85 000～90 000kg/hm²，11 月上旬种子成熟，种子产量 150～200kg/亩，生育期 200d 左右。

二、适宜区域

适合贵州、云南、四川等海拔 800～1 600m 的地区种植。

三、栽培技术

（一）选地

该品种适应性较强，对土地地要求不严，要获得高产，宜选择比较肥沃土地种植。

（二）土地整理

播种前清除生产地残茬、杂草、杂物，耕翻、平整细碎土壤；刈割草地利用时，在翻耕前每公顷施基肥（农家肥、厩肥）15 000kg，复合肥 600～750kg。

（三）播种技术

1. 种子处理

（1）选择饱满、无病虫害的籽粒作为种子。选种时先用清水漂去空瘪种子，再挑出有病虫害及未成熟的青籽和白籽。种子处理：①将选好的种子用 100.0℃的沸水浸泡 8～12s 后捞出、晾干后进行播种。②用 5％石灰水或 1∶1∶100 倍液波尔多液浸种 24～48h 后取出，用清水冲洗干净。③用 75.0％五氯硝基苯 0.5kg 拌种 100.0kg。④播种前一周用清水浸种，播种时滤干，每 6kg 种子用 10.0～20.0kg 钙镁磷肥加 15.0％三唑酮 100.0g 均匀混合后拌种，即可播种。

（2）直接采用包衣剂处理包衣种种植。

2. 播种期

当气温稳定在 10.0℃以上时即可进行播种，贵州省的播种时间为每年的 4 月上旬至 5 月中旬。

3. 播种量

一般播种量为 4~8kg/亩。

4. 播种方式

以条播或穴播直播为主，条播以 80cm 行距开沟，基肥施放后，在种植沟内均匀播种盖土；穴播以行穴距（60~80）cm×（60~80）cm，施基肥后，每穴放 8~10 粒种子盖土。

（四）水肥管理

1. 根据降雨情况，适时进行灌溉和排水，防止受涝和干旱缺水。

2. 幼苗具 3~4 片真叶时若发现缺窝断行严重，应及时补苗。

3. 中耕分 3 次进行。第 1 次在苗高 10~20cm 时浅锄，施氮肥 10kg/亩；第 2 次在刈割第 1 次饲草后结合追施农家肥 1 000kg/亩中耕培土，第 3 次在刈割第 2 次饲草后结合追施氮肥 10kg/亩进行。

（五）病虫杂草防控

薏苡的常见病虫害有黑穗病、叶枯病、玉米螟、黏虫等。

1. 黑穗病

黑穗病又叫黑粉病，危害薏苡的穗部，受害的种子肿大成褐色瘤，破裂后孢子飞扬感染其他植株，造成减产。防治方法：（1）播种前进行种子处理，发现病株及时拔出，并烧毁病株；（2）抽穗前用 800~1 000 倍的多菌灵可湿性粉剂喷雾预防，每隔 5~7d 喷 1 次，连续喷药 2~3 次。

2. 叶枯病

雨季多发，危害叶部，叶尖出现淡黄色斑点，逐渐扩大，直到叶片焦枯死亡。防治方法：发病初期用1∶100倍液波尔多液或65.0％代森锌可湿性粉剂500倍液喷施，7d 1次连喷2～3次。

3. 玉米螟

5月下旬至6月上旬始发，8—9月危害严重，苗期1～2龄幼虫钻入心叶中咬食叶肉或叶脉。抽穗期以2～3龄幼虫钻入茎内危害。防治方法：播种前清洁田园；薏苡地周围种植蕉藕诱杀；心叶期用50％西维因粉0.5kg加细土15kg配成毒土，也可用Bt乳剂300倍液灌心叶。

4. 黏虫

黏虫又名夜盗虫、行军虫，幼虫危害叶片。防治方法：幼虫期用50.0％糖醋毒液（糖∶醋∶白酒∶水＝3∶4∶1∶27）诱杀成虫；化蛹期，挖土灭蛹；用黑光灯25.0％丙溴灭多威800～1 000倍液、2灭幼脲3号悬浮液1 500倍液、4.5％高效氯氰菊酯乳油1 000倍液、20％杀灭菊酯3 000倍液进行喷雾。

四、生产利用

当植株高度80～100cm时，进行第1次刈割，加强肥水管理，一般2月左右可刈割第2次。再次进行施肥浅中耕，2月后可再刈割饲草1次。

滇东北薏苡主要营养成分表（以风干物计）

H₂O (%)	CP (%)	EE (g/kg)	CF (%)	NDF (%)	ADF (%)	Ash (%)	Ca (%)	P (%)
9.8	13.2	19.3	29.6	61.3	34.9	8.9	0.80	0.22

注：数据由农业农村部全国草业产品质量监督检验测试中心提供。

23. 滇东北薏苡

滇东北薏苡花和果实

滇东北薏苡种子

滇东北薏苡单株

滇东北薏苡群体

24. 玉草5号玉米—摩擦禾—大刍草杂交种

玉草5号玉米—摩擦禾—大刍草杂交种（*Tripsazea cream-maize* T.，'Yucao No. 5'）又名'玉淇淋58'，是以玉米（*Zea mays* ssp. *mays*），2n＝20、摩擦禾（*Tripsacum dactyloides*），2n＝72，与四倍体多年生大刍草（*Zea perennis*），2n＝40为材料，通过远缘杂交、多倍化和染色体重组的方法选育而成。玉草5号聚合了玉米植株高大、四倍体多年生大刍草耐刈割以及摩擦禾分蘖多和抗寒性强等特点，是一种高光效 C_4 丛生型的多年生高大饲草。该饲草根系发达、叶量丰富、生长繁茂、分蘖和再生性强，产量高、品质优，适口性好。在抽雄始期刈割，玉草5号鲜、干草产量可达 96 610kg/hm² 和14 770kg/hm²。2019年12月12日，由全国草品种审定委员会审定，登记为育成品种，登记号为579。

一、品种介绍

多年生高大草本，须根系，根深可达 100cm，基部各节具气生支柱根；秆直立，丛生，分蘖数 20～35 个；茎形似去除果穗后的玉米，抽雄期平均株高为 295.2cm，主茎粗 2.5～6.4cm；单个茎秆叶片达 21～30 片，叶色深绿，叶片扁平，线状披针形，基部圆形呈耳状，无毛或具疣柔毛，中脉粗壮，边缘微粗糙；植株顶端着生圆锥状雄花，主轴与总状花序轴及其腋间均被细柔毛，雄穗分枝 6～11 个，花序长 34～48cm，花粉高度不育；茎秆节点着生 7～10 个分枝，分枝顶端为穗状花序的雌花，6～18 个小穗在穗轴上呈双行互生排列，雌穗部分可育。

该品种为 C_4 植物，喜温，适宜生长温度 20～35℃。对土壤要求不严，以土层深厚、保水良好的黏壤土和壤土最为适宜。在贫瘠的土壤上，只要加强肥水管理，也可获得高产。

在成都平原及盆周山区生长良好。在长江以南平原地区适宜春季移栽，种苗移栽后约 20d 开始分蘖，营养生长期（出苗至抽雄）100d 左右，随后逐渐向生殖生长过渡，生长速度减慢，至第 145d 左右停滞生长，进入吐丝期，茎秆叶腋处开始分枝，进入第二次生长高峰，11 月以后，植株逐渐枯黄进入休眠期，翌年 3 月初开始萌发。可采用分蔸、分株和扦插等无性方式繁殖。

二、适宜区域

对土壤要求不严，具有广泛的适应性，在我国气候温暖湿润的长江流域及其以南年降水量超过 450mm 的大部分山区、丘陵、平原均可种植。

三、栽培技术

（一）扩繁技术

玉草 5 号以无性繁殖方式扩繁种苗。若采用茎节育苗应选择水源充足、排灌条件良好、土壤肥厚的地块。要求苗床泥土细碎，地面平整。

草业良种良法配套手册 2019

1. 简易保种

在初霜来临前，选取生长健壮的植株，刈割后取中、下部茎秆直接埋于土中，土层厚 3～5cm，覆盖薄膜。翌年土壤温度回升到 10℃时移去薄膜。待种茎发芽长至 3 叶 1 心时，连茎带苗取出，将出苗的茎节剪成节段，移栽田间。

2. 扦插繁殖

方法同甘蔗扦插。选取生长健壮的植株，刈割后选取中、下部茎秆去叶，优选侧芽饱满的茎节作插穗，每插穗 1～2 个芽，按 5cm×10cm 株行距平放，覆盖约 3cm 的土层，搭塑料小拱棚。初霜来临前可扦插，最佳扦插时期为 9 月中旬。

3. 分蔸繁殖

3 月初，将越冬成活的玉草 5 号老蔸（未萌发）挖出，按每一老茬分为 1 株，直接移栽田间。

4. 分株繁殖

3 月下旬，当越冬返青植株的再生小苗长至 3 叶 1 心时，将整个新生植株挖出，分成小苗移栽田间。

（二）建植技术

1. 土地整理

播前需整地，除杂草，耕作前施足基肥，基肥以有机肥为主。玉草 5 号具有发达的根系，需要深厚的土壤，宜深耕。一般深耕 20cm，碎土整地。为避免夏季田间积水，需设置排水沟。

2. 田间建植

当南方地区地温升至 10℃以上即可移栽，3—4 月为宜；在老蔸未返青前也可分蔸移栽。株行距（1.0～1.5）m×（1.2～1.5）m，密度为 4 000～8 000 株/hm²，过密不利于分蘖，肥力高的土壤可适当降低密度。移栽前，穴中施入少量复合肥，切勿与苗根部接触，覆土压实，移栽后浇透定根水，新叶出现前需常浇水。定植时剪去叶片的 1/2～3/4，以减小失水。

（三）水肥管理

该品种是需肥较多的饲草，在高氮肥的情况下能充分发挥其生产潜力。中等肥力的土壤上，每亩需纯氮肥达 20kg，或有机肥 1 000kg 以上。刈割后需在植株四周及时且适量增施氮肥，不能施在留茬内，否则易烧苗。

（四）病虫杂草防控

刚移栽田间时，由于气温不高，生长缓慢，杂草快速入侵田间，因此早期除草十分重要。用 55％耕杰 1 200～1 800mL/hm² ＋ 0.5％助剂，兑水 300kg/hm² 喷雾，可有效防除禾本科杂草和阔叶杂草。随着气温的回升生长加快，封行后，杂草则被抑制。移栽早期可能受玉米螟侵袭，可在田间安装 200W 高压汞灯，灯下设置捕虫水池，每盏灯可防治 20hm²。未见明显病害发生。

四、生产利用

刈割收获的营养体可直接作为青饲料，茎叶柔软多汁，品质优，适口性好；也可调制成干草、半干贮草和青贮料，便于运输、饲喂和保存。刈割时留茬高度要适宜，留茬 5～10cm，过高或过低均会影响其再生和产量。11 月后应停止刈割，以利安全越冬。

1. 青饲

在饲喂草食家畜时，应在抽雄始期前刈割，再生植株株高 1m 左右可刈割，全年可刈割 2～3 次；用作兔、鱼等青饲料时，植株长至 1m 时即可刈割，此时刈割茎占的比例非常小，大部分为叶片，柔嫩可口，营养成分高，同时又有利于植株再生。

2. 青贮

调制青贮饲料时，应在吐丝期收获，此时水分适宜，调制青贮的色、香、味和适口性均较好。除可以自然青贮外，也可通过添加乳酸菌等青贮添加剂获得更优的青贮饲料。

玉草 5 号主要营养成分表（以风干物计）

生育期	CP	EE	Ash	NDF	ADF
分蘖期	21.42± 2.48a	2.98± 0.61a	14.28± 0.83b	52.58± 1.00abc	24.75± 0.38d
分蘖—拔节期	13.94± 4.26b	2.83± 0.08ab	17.65± 1.65a	52.40± 2.68abc	28.66± 1.10bcd
拔节期	11.77± 1.39bc	2.88± 0.21ab	9.15± 0.33def	57.33± 1.70a	31.12± 1.43abc
拔节—孕穗期	10.23± 2.23bc	2.66± 0.02abc	9.80± 0.59cde	56.40± 3.19a	29.79± 3.81abc
孕穗期	10.79± 0.48bc	2.44± 0.14bcd	10.64± 0.79cd	48.40± 5.35bc	29.22± 3.36abcd
抽雄始期	11.37± 1.84bc	2.87± 0.21ab	7.95± 0.16f	52.01± 3.51abc	31.53± 2.98ab
抽雄—散粉期	9.65± 1.33c	2.02± 0.14d	8.19± 0.30f	52.38± 7.90abc	33.96± 3.57a
散粉—吐丝期	8.71± 1.82c	2.50± 0.20abcd	7.64± 0.67f	53.33± 1.80abc	28.90± 0.98bcd
吐丝期	10.83± 1.05bc	2.19± 0.10cd	11.00± 0.53c	54.69± 0.93ab	26.01± 1.22cd
衰老期	11.26± 0.10bc	2.16± 0.23cd	8.72± 0.64ef	46.89± 1.48c	24.69± 1.74d

注：同列不同小写字母表示差异显著（$p < 0.05$）。

数据来源：李华雄，蒋维明，吴子周，等. 新型多年生饲草玉草5号的生长动态及刈割期的研究 [J]. 草业学报，2018，27（6）：34-42.

玉草 5 号玉米—摩擦禾—
大刍草杂交种根

玉草 5 号玉米—摩擦禾—
大刍草杂交种茎

玉草 5 号玉米—摩擦禾—
大刍草杂交种叶

玉草 5 号玉米—摩擦禾—
大刍草杂交种群体

25. 闽牧 6 号杂交狼尾草

一、品种介绍

禾本科多年生草本植物，叶基生，不具叶柄，叶片长披针形，成熟叶片长 50～130cm，宽 2.5～3.5cm，叶缘布满长硬刚毛，叶脉平行，无主侧脉之分，中脉明显向叶背突起，叶缘有锯齿，叶片两面均有茸毛。直立茎，有显著的节和节间，实心圆柱形，单叶互生成二列，由叶鞘、叶片和叶舌构成，叶鞘边缘开放，彼此覆盖，质地较韧，叶舌明显但质软。茎秆顶端抽穗，穗长 20cm 左右，圆锥花序密生为穗状，不结实。

温暖湿润气候最适宜生长，日平均气温 15℃时开始生长，25～35℃时生长旺盛，低于 10℃时生长缓慢。该品种抗逆性强，抗倒伏、耐旱、耐湿、耐盐碱，土壤适应性强，一般采用无性繁殖，分蘖数多，再生力强，根系强大，产量高，具有良好的水土保持作用，各种土壤条件均能生长。

二、适宜区域

在我国热带、亚热带地区均可种植。不同的种植区域与不同的用途，影响刈割次数。在福建的闽南地区由于气温高，生长季长，年可刈割 6～8 次，在海拔较高的地区，年刈割次数多为 3～5 次。该品种供草期为 5—11 月，7—8 月为其生长旺盛期。在福建建阳、广西南宁、广东广州、海南儋州和云南元谋等地多年多点试种，年均产干草 21 062kg/hm^2，为各类畜禽及草食动物所喜食，可用于牛、羊、兔等动物养殖。

三、栽培技术

1. 整地

宜选土层深厚、排水良好的土壤为宜。畦宽 120～150cm，沟宽 25～30cm 为宜，种植前要施足基肥（22 000～30 000kg/hm^2 畜禽粪肥），配施磷肥 300～450kg/hm^2。

2. 移栽

当日最低温大于 12℃时种植，以老熟茎秆为种茎，每 2～3 个节切成一段，斜插入土中，株行距 40cm×60cm 或 50cm×50cm。

3. 种植管理

种植前期要除杂和保持土壤湿润，每次刈割后要及时补氮肥，以施 150～300kg/hm^2 的尿素为宜。

4. 刈割

该品种供草期为 4—11 月，7—8 月为其生长旺盛期。可根据不同饲养对象和牧草加工方法适时刈割，齐地刈割最佳。

5. 病虫害防治

杂交狼尾草极少有病虫害发生，偶见松毛虫和蚜虫危害，未发现国家规定的植物检疫性病虫害及我省规定的补充植物检疫性病虫害，如有蚜虫危害，可在幼虫期用吡虫灵喷洒，喷洒后要经过 7d 以上方可刈割利用，以防药物残留，危害动物健康。如见植株发白或叶间失绿时，为缺锌的表现，应及时追施锌肥，可用"一水硫酸锌"按 30kg/hm^2 施入植株旁；也可用 0.05％～0.1％的硫酸锌溶液，每隔 7～10d 喷 1 次，共喷 2～3

次即可。

四、生产利用

该品种在福建省南平市延平区、福建省福州福清市、福建省南平建阳区、福建省龙岩新罗区（龙岩龙马种猪场）等进行多点种植，并开展肉猪应用、母猪应用、肉牛奶牛饲喂，试验研究结果表明：①"闽牧 6 号"杂交狼尾草在 4 个不同生态区试点均表现出较强的适应能力，生长快，耐刈割，适应性强，抗逆性好；②利用杂交狼尾草打浆后饲喂体重约 50kg 的育肥猪，以每头每天饲喂 0.5kg 牧草打成的草浆效果最佳，肉猪平均日增重提高40.4g，料肉比降低了 3.96％；③早中期怀孕母猪以每头每天饲喂 4kg 牧草打成的草浆，饲粮粗纤维含量达 8.24％～9.41％ 时母猪生产效果最佳，母猪活仔胎均达 12.73 头，比不喂草对照提高了 2.50％；④利用该品种青贮料进行肉牛育肥，在基础日粮的基础上，每天饲喂青贮料 3kg，肉牛日增重分别达 1.30kg，比不喂青饲料的对照提高 11.11％（$p<0.05$），经济效益提高了25.14％；⑤首次发现"闽牧 6 号"杂交狼尾草富含 α-亚麻酸，研究表明在中高产奶牛日粮中添加"闽牧 6 号"杂交狼尾草22.50kg 为最佳，牛奶中的 α-亚麻酸含量达到 15.88mg/100g，比对照组提高了 43.41％。

闽牧 6 号杂交狼尾草主要营养成分表 （以风干物计）

CP (%)	EE (g/kg)	NDF (%)	ADF (%)	EE (g/kg)	Ash (%)	Ca (%)	P (%)
13.1	21.4	47.8	27.0	3.23	13.70	0.31	0.27

注：第 1 次刈割"闽牧 6 号"杂交狼尾草，经农业农村部全国草业产品质量监督检验测试中心测定结果。

25. 闽牧 6 号杂交狼尾草

闽牧 6 号杂交狼尾草叶 　　闽牧 6 号杂交狼尾草群体

26. 鄂牧 6 号苎麻

鄂牧 6 号苎麻 ［*Boehmeria nivea*（L.）Gaudich. 'Emu No.6'］是以育成品种鄂苎一号为父本、地方品种细叶绿为母本进行人工授粉杂交，通过多次单株选择培育而成的新品种。由湖北省农业科学院畜牧兽医研究所和咸宁市农业科学院于 2019 年 12 月 12 日登记，登记号为 583。该品种嫩茎叶营养价值高，粗蛋白含量高达 20% 以上；再生性好，年可刈割 5～7 茬，鲜草产量 105 000～150 000kg/hm²，最高年份干草产量可达 225 000kg/hm²。

一、品种介绍

荨麻科苎麻属多年生草本植物，丛生型，平均株高 179cm，较亲本高 22.92%。中根型，宿根可达 10 年以上；茎秆长，粗 1.02cm；叶圆卵形，平均长 13.8cm、宽 9.5cm，正面绿色，背面被白色柔毛，叶柄微红色，长 7.6cm；异花授粉，圆锥花序腋生密集，淡黄色，花单性，雌雄同株；廋果，近球形，长约 0.60mm。种子黑色，千粒重 0.025g。种子产量 60kg/hm²，但发芽率不足 20%，多用种子育苗移栽或扦插繁殖。

喜温短日照植物，对土壤要求不严，但地下水位较高且易受淹地块不宜种植。抗逆性强，在贫瘠土地生长良好。抗倒伏性，耐涝、抗寒性强。对根腐线虫表现出较好的抗性，病情指数较亲本低 44.0%。再生能力强，全年可刈割 5～7 次。在长江中游地区一般 3 月上旬出苗，8 月上旬现蕾，中旬到初花期，下旬达盛花期，12 月中下旬种子成熟，生育期 258～265d，能安全过夏和越冬。

二、适宜区域

适宜在长江中下游及以南，年降水量在 800mm 以上且分布相对均匀的地方推广，在撂荒地、坡耕地、边缘地等贫瘠地块均可种植。

三、栽培技术

（一）选地

适应旱地栽种，对土地要求不严，农田和荒坡地均可栽培；大面积种植时应选择开阔地块，以便机械作业。

（二）土地整理

移栽前清除残茬、杂草、杂物。耕翻土壤 40～50cm，平整土地，开挖排水沟。育苗床以 2.0m 开厢，中间留沟 30cm，粉碎土壤到黄豆粒大小。播前施有机肥 4 500kg/hm² 和钙镁磷肥 1 125kg/hm²。

（三）播种技术

1. 种子要求
育苗种子为上年度收获的干燥种子。

2. 播种

3月上旬土壤温度达 12℃ 以上开始播种，播量 11.25kg/hm²。播前将种子与干土或细沙混合均匀，然后撒播育苗床，均匀浇足水分，采用竹弓覆盖地膜，保温保湿。

3. 育苗管理

育苗过程中要谨防高温直晒，保持湿度。当苗床内膜温度高于 30℃ 时，揭开地膜两端通风降温或在地膜上加盖遮阳网，期间保持膜内土壤湿润；如膜内湿度较大，揭膜两端通风，而土壤太干时要及时喷水。

4. 炼苗和除草

当幼苗长出 4～5 片叶子，气温稳定在 14℃ 以上时，择阴天或傍晚时揭膜炼苗。揭膜逐步进行，先揭两端，1～2d 后揭去半边，再过 1～2d 全部去掉。弓架保留以备暴雨或日晒时重新盖膜和遮阴网。期间视情况对育苗床进行人工除杂，如幼苗根部出现松动，浇水定苗。

5. 移栽

当苎麻苗达 10 片叶子时，带土移栽，每公顷密度 45 000～52 500 株，之后根据缺苗情况进行补种。

(四) 田间管理

栽植后及时浇水直至植株健康生长，生长期视情况进行灌溉、除草和病虫害防治。每次收割后及时追施复合肥 200～250kg/hm²，雨天注意开沟排水防渍。冬季需加强管理，中耕 12cm 左右，追施菜饼等有机肥，培土蓄蔸，确保苎麻的持续生产力。

(五) 病虫杂草防控

几无病害，偶发苎麻夜蛾虫害，及时喷施甲维茚虫威和虱螨脲防治。封行前，及时清除杂草，每次刈割后 2d 内可使用盖草隆除草剂预防。

四、生产利用

该品种是优质的饲用牧草，嫩茎叶营养价值丰富。一般在植株高度达 80～90cm 时利用，建植第二年的苎麻 4 月中下旬即可进行第一次刈割利用，茎叶比在 1：(0.9～1.3)。农业农村部全国草业产品质量监督检验测试中心对种植当年第一茬（植株高度 100cm 左右）检测（以干物质计），粗蛋白含量达 11.2%，粗脂肪含量 43.1g/kg，粗纤维含量 33.4%，中性洗涤纤维含量 53.5%，酸性洗涤纤维含量 46.6%，粗灰分 16.6%，钙含量 3.43%，磷含量 0.21%。但育种单位在植株高度 80cm 左右时测定结果粗蛋白达 21.1%，中性洗涤纤维和酸性洗涤纤维含量也相对较低，分别为 51.2%和 41.8%，说明苎麻在生产利用时一定要控制好收获时间。

在长江中下游，苎麻的利用方式有青饲、青贮、放牧和制作颗粒料等。生长旺季一般以鲜饲为主；冬春缺草季节主要利用青贮。制作青贮饲料时，刈割植株后先将鲜草晾晒杀青，使其含水量降低到 60%左右再与青玉米秸秆混合，添加乳酸菌有助成功。直接放牧在植株高度达 60cm 时利用。为便于贮藏、包装和运输，也可将苎麻收割、干燥、粉碎后制成颗粒料喂饲家畜。

鄂牧 6 号苎麻主要营养成分表（以干物质计）

项目	CP （%）	EE （g/kg）	CF （%）	NDF （%）	ADF （%）	Ash （%）	Ca （%）	P （%）
营养期[a]	11.2	43.1	33.4	53.5	46.6	16.6	3.43	0.21
营养期[b]	21.06	36.6	19.6	51.2	41.8	14.1	3.60	0.15

注：a 为农业农村部全国草业产品质量监督检验测试中心 2016 年测定结果；
b 为湖北省农业科学院农业测试中心测定结果。

鄂牧 6 号苎麻叶

鄂牧 6 号苎麻花

鄂牧 6 号苎麻单株

鄂牧 6 号苎麻群体

27. 闽北翅果菊

　　闽北翅果菊［*Pterocypsela indica*（L.）Shih.'Minbei'］是以野生品种翅果菊为原始材料,采用自然选择和人工选择相结合的方法,经过单株选择,株系鉴定等手段选育而成。由福建省南平市农业科学研究所和福建省南平市畜牧站于 2019 年 12 月 12 日登记,登记号为 580。该品种具有丰产性。多年多点比较试验证明,闽北翅果菊较对照品种"原始群体"和"蒙早苦荬菜"平均增产 9%以上,平均干草产量 5 881kg/hm²,最高年份干草产量 9 582kg/hm²。

一、品种介绍

　　闽北翅果菊属于菊科翅果菊属一年生或越年生草本,体内含白色乳汁,直根系,根深 20～40cm;茎直立,粗 1.0～3.0cm,分枝数 10～30 个,株高 200～350cm。叶长椭圆形有稀疏浅锯齿,长 10～45cm、宽 2.0～15.0cm,完熟时叶渐变窄呈条形,两面无毛,淡绿色;头状花序,含舌状小花 25 朵;淡黄色,果期卵球形;果实瘦果椭圆形,长 3.0～5.0mm,宽 1.5～2.0mm;种子黑褐色,千粒重 0.68g。

　　种子在土壤温度达 5℃以上就能发芽,最适温度 15～25℃,最高温度 30～35℃,适应性比较强,耐热不抗寒,幼苗能耐 0℃低温,但极端温度达－6℃以上会受冻害,气温超过 35℃时生长受阻。闽北翅果菊喜水喜肥，茎叶繁茂，并具有一定的抗旱能力，但不耐涝，适宜在华东、华中和西南温暖湿润地区种植。闽北翅果菊对土壤要求不严，各种土壤均可种植，喜排水良好、土质肥沃壤土，土壤适宜 pH 5.5～7.5。

在华东、华中和西南适宜秋季 10 月下旬播种，翌年 7 月中旬现蕾，7 月下旬开花，8 月上旬至 9 月上旬种子成熟，生育期 260～290d；也可春播 3—4 月份播种，10 月上旬开花，10 月下旬种子成熟，生育期 180～190d。

二、适宜区域

适宜生长的年平均温度范围为 12～18℃。年均温幅度在 10～12℃或 18～25℃为次适宜温度。海拔 800m 以下，但在年降水量为 800～1 600mm、无霜期 200～300d 的地区生长最为良好。

三、栽培技术

（一）选地

该品种适应性较强，对生产地要求不严，农田和荒坡地均可栽培，但为了获得高产，必须选择土层深厚肥沃、保水保肥力强的土壤栽培；大面积种植时应选择较开阔平整的地块，以便机械作业。

（二）土地整理

种子细小，最好育苗移栽。育苗床需要深耕精细整地，施足基肥每公顷施基肥（农家肥、厩肥）15 000～30 000kg。移栽地用除草剂处理后再翻耕，清理残茬、杂草、杂物，耕翻、平整土地，开挖排水沟。

（三）播种技术

1. 播种期

一般安排春、秋播种，但为提高生产效益、促进栽培成功，应选择适宜生长季节进行播种。秋播以 9—10 月为佳。春播以 3—4 月播种为宜。

3. 播种量

育苗每公顷用种量 1 000g，穴播种量适当加大。

4. 播种方式

育苗移栽和穴播、撒播。出苗后（保持土壤湿润）30d 左右，4～5 片叶时，苗床用水浇透，选健壮苗移栽。行距 30cm，株距 20cm，每穴 1 苗。移苗前剪掉过长的根系，移苗后浇足定根水；以收种子为目的时，行株距为 50cm×80cm。穴播覆土厚度以 0.5cm 为宜。也可将种子与细沙混合均匀，直接用手撒播。撒播后可轻耙地面或进行镇压，使种子与土壤紧密接触。

（四）水肥管理

及时查苗补苗，尽可能 1 次移栽后保全苗，若出现缺苗断垄，应及时从苗床移苗补栽；根据试验地土壤肥力状况，适当施用底肥、追肥，以满足中等偏上的肥力要求，是确保闽北翅果菊稳产、高产关键。苗期追施复合肥 150～300kg/hm²，每次刈割后追施尿素 150kg/hm²。根据植株田间生长状况、天气条件及土壤水分含量，适时适量喷水，遇雨水过量应及时排涝。

（五）病虫杂草防控

春季高温多雨主要虫害有象甲、蚜虫、叶蝉等，以防为主，生长期间根据田间虫害和病害的发生情况，选择低毒高效的药剂适期防治。

苗期生长缓慢，要及时清除杂草，可选用灭杀性除草剂防治。

四、生产利用

该品种是优质的菊科牧草，在抽薹前期，高50cm左右，第一次刈割据农业农村部全国草业产品质量监督检验测试中心检测，粗蛋白质含量平均可达17.7%，粗脂肪41.9g/kg，粗纤维16.4%，中性洗涤纤维25.8%，酸性洗涤纤维20.7%，粗灰分12.3%钙1.34%，磷0.37%。

以后各次刈割间隔30d左右。第1次刈割留茬高度3cm，以后各次刈割留茬高度逐次递增1～2cm，最后一次齐地刈割测定鲜草产量，全年可刈割4～6次。闽北翅果菊叶量丰富、脆嫩多汁、茎叶含纤维素低，是鹅、鸡、鸭、兔、猪、羊、牛等多种畜禽的优质饲料。

闽北翅果菊主要营养成分表（以风干物计）

生育期	CP (%)	EE (g/kg)	CF (%)	NDF (%)	ADF (%)	Ash (%)	Ca (%)	P (%)
抽薹前期[a]	17.7	41.9	16.4	25.8	20.7	12.3	1.34	0.37
抽薹前期[b]	23.99	62.0	10.2	27.75	12.80	9.0	0.89	0.43

注：a 为全国草业产品质量监督检验测试中心测定结果；
b 为福建省农业科学院农业质量标准与检测技术研究所。

27. 闽北翅果菊

闽北翅果菊叶

闽北翅果菊花

闽北翅果菊单株

闽北翅果菊群体

28. 黔中金荞麦

黔中金荞麦（*Fagopyrum dibotrys*（D. Don）Hara 'qiznzhong No. 1'）是以贵阳地区野生金荞麦为原始材料，连续进行单株混合选择、驯化栽培选育而成。由贵州省畜牧兽医研究所于2019年登记，登记号为581。可作猪、牛、鸡、鹅等畜禽的青绿饲草资源，其全株含有抑菌活性成分，可作饲料添加剂用于对畜禽的白痢沙门菌、大肠杆菌、金黄色葡萄球菌等病菌抑制作用。其干草产量为 15 000kg/hm² 以上，粗蛋白质含量 12%～20%、粗纤维含量 13%～19%；适口性好，抗性强，对土壤要求不严格，同时其地下块根发达，具有水土保持功效，为集水土保护、饲料与药用兼备的牧草新品系。

一、品种介绍

蓼科（Polygonaceae）荞麦属（*Fagopyrum*）多年生双子叶草本植物，株高 100～150cm。直根系、块状根茎；分枝方式为根茎丛生；直立茎、茎长 50～100cm；单叶互生、叶片三角形、长与宽近似为 6～11cm；圆锥花序顶生，花被白色 5 裂，长 2.5mm；瘦果三棱形、黑褐色、长 5～7mm，千粒重 50g；异花授粉。种子和块根产量为 540kg/hm²、4 500kg/hm²。

金荞麦是短日照喜光植物，对光照高度敏感且生长需水量大，因此栽培金荞麦要选择排水良好、地势高、光照充足、肥沃疏松的砂壤土。最适生长 700～1 500m 海拔、降水量 1 000～1 300mm 地区。黔中金荞麦适宜萌发温度为 12～25℃，温度低于5℃停止生长，冬季地上部分枯黄，地下部分可以安全越冬，来年春季返青；耐热抗病虫性能较强。

在淮河以南地区春、秋两季均可播种，春播在 4 月初至 5 月中旬，秋播在 8 月底至 9 月中旬，但最佳播种时间为春播。若 4 月上旬播种，7 月中下旬初花期，9 月中下旬盛花期，10—11 月种子成熟，淮河以南地区金荞麦的全年生育期为 195～210d。

二、适宜区域

适宜在海拔700～1 500m、年降水量在1 000～1 300mm、15～30℃温度下生长，喜温暖湿润气候。我国长江流域、云贵高原、西南地区是其适宜生长区域，黄淮地区及我国北部地区也可栽培利用。

三、栽培技术

(一) 选地

该品种对土壤要求不严，对成土母质要求不高，适应性强，但由于金荞麦是短日照喜光植物，对光照高度敏感且生长需水量大，因此栽培金荞麦要选择排水良好、地势高、光照充足、肥沃疏松的砂壤土。种植金荞麦最佳土壤条件为 pH 6～7、有机质 15%～20%、速效氮 370～380mg/kg、速效磷 20～25mg/kg、速效钾 130～140mg/kg。种子生产时需选择光照充足、利于花粉传播的地块。

（二）土地整理

播种前清除土地残茬，耕翻、平整土地；杂草严重时可采用除草剂处理后再翻耕，翻耕深度 20～25cm，耙平耙细，施磷酸二铵 300～375kg/hm²、硫酸钾 265～315kg/hm²、厩肥 22 500～30 000kg/hm² 作基肥。在土壤黏重、降雨较多的地区要开挖排水沟。

（三）播种技术

1. 播种

可采用种子直播、根茎栽培和扦插移栽

（1）种子直播：播前对种子进行晒种，并采用多菌灵等杀菌剂 700～800 倍液浸种。春播在 4 月初至 5 月中旬，秋播在 8 月底至 9 月中旬，最佳播种时间在春播，播种量为 15～30kg/hm²。

穴播，株行距 40cm×50cm，每穴 5～6 粒种子，播种深度 1.5～2cm，播种时覆土 0.5cm，出苗后及时查苗补缺、防除杂草，幼苗长到 2～3 片真叶时进行间苗，每窝留壮苗 2 株，浅耕除草，施用清粪水 15 000～18 000kg/hm²，或施尿素 45～60kg/hm² 促苗；在 4～5 片真叶时定苗，每穴定苗 2 株，以磷、钾肥为主，追施过磷酸钙 225～300kg/hm²，硫酸钾 90～120kg/hm²。

（2）根茎栽培：在春季萌发前，将根茎挖出，选取健康根茎留芽 2～3 个切成小段，用 40% 多菌灵可湿性粉剂 800 倍液浸泡 15min 后栽种。穴栽，株行距 40cm×50cm，每穴 1～2 个根茎。返青后及时查苗补缺、中耕除草，追施尿素 120～150kg/hm²，硫酸钾 90～120kg/hm²。

（3）扦插移栽：春季剪取健康植株顶端 2～3 个节的枝条，

按株行距 5cm×5cm 扦插在苗床上，再用稻草或玉米等秸秆覆盖；浇水保持苗床土壤湿润，15～20d 生根后揭去覆盖物。及时防除杂草，80％扦插苗长出 3～4 片新叶时施用清粪水 15 000～18 000kg/hm² 或施尿素 45～60kg/hm² 提苗；30～35d 起苗移栽，栽后浇定根水，并及时查窝补缺。

2. 种植方式

（1）单播：在海拔高度 700～1 500m 的地区都可采用单播方式种植黔中金荞麦。

（2）混播：在海拔高度 700～1 000m 的地区可采用混播方式种植金荞麦。黔中金荞麦隔行混合其他牧草进行种植，混合草种按 15％黔中金荞麦、50％黔南扁穗雀麦、30％黑麦草、5％白三叶种子，播种量 15～30kg/hm²。春播可在 4 月中旬至5 月初，秋播在 8 月底至 9 月中旬，最佳播种时间在春播；以条播为宜，株×行距为 40cm×50cm，播深 5～8cm，播后覆土。

（3）间（套）种：于 9 月下旬至 10 月中上旬刈割黔中金荞麦牧草后，在金荞麦草两行之间开沟，套种一年生黑麦草，沟深10～12cm，不得浅于 9cm，在沟中播一年生黑麦草种子，种子用量为 30kg/hm²，然后在沟内施复合肥 750～900kg/hm²，覆土2～3cm，播后浇水保证土壤湿润 10～15d，20d 后视出苗情况再进行补播。

（四）水肥管理

苗高 40～50cm 时或刈割利用后追施尿素 75～120kg/hm²，并结合冬前管理，施有机肥 45 000～75 000kg/hm²、硫酸钾 40～60kg/hm²。

年降水量 800mm 以上地区基本不用灌溉，但在降水量少的地区适当灌溉可提高生物产量，灌溉主要在分枝期进行。在南方夏季高温干旱时在早晨或傍晚进行灌溉，有利于再生草生长和提高植株越夏率。同时在多雨季节，要及时排水，防治涝害发生。

（五）病虫杂草防控

该品种无主要病害，有少量蚜虫发生，应及时刈割，防止蚜虫扩散。

苗期需及时清除杂草，混播草地及时清除有毒有害杂草，单播草地可通过人工或化学方法清除杂草。对于一年生杂草，也可通过及时刈割进行防除。

四、生产利用

（一）鲜草利用

1. 刈割

该品种是优质的蓼科牧草，分枝期株高 50～70cm 为最佳利用时期，叶量丰富、茎叶比为 1∶1.48。据贵州省畜禽产品理化检测分析实验室检测，分枝期（以干物质计）粗蛋白含量 20.72%，粗脂肪含量 2.34%，粗纤维含量 13.51%，中性洗涤纤维含量 29.1%，酸性洗涤纤维含量 17.30%，粗灰分 10.90%，钙含量 1.05%，磷含量 0.39%。

金荞麦适宜作刈割草地利用，当株高 50～70cm 进行第一茬刈割利用，可获得最佳营养价值，并留茬 7～10cm，入冬前停止利用。在西南地区金荞麦全年可刈割 5～7 次，鲜草产量 6 000～8 000kg/亩。饲喂猪、鹅、兔可直接饲喂，不用打浆或切碎；饲喂牛、羊、鸡时需切碎与饲料或其他牧草混合饲喂。一般猪日喂量为 4~8kg，鸡为 0.2~0.5kg，鹅为 0.5~1.0kg，兔为 0.2~0.4kg，牛为 10~15kg，羊为 4~8kg。

2. 放牧利用

放牧利用以混播草地为宜。第一次放牧在草层高度为 35~40cm 时开始，分区轮牧，每次放牧后留茬高度 6~8cm。9—10月停止利用，补播黔南扁穗雀麦、黑麦草、燕麦等冷季型牧草，以保证草地周年利用。

（二）草产品加工和利用

黔中金荞麦草产品的加工调制包括青干草和青贮饲料等，调制时期以分枝期为宜，留茬高度 7~10cm；块状根茎以秋季收获为宜。

1. 青贮饲料

（1）切碎、装填和压实：将刈割的青草晾晒，当含水量降到60％~75％时，将其切碎（切碎长度为 2~3cm）及时装填压实。金荞麦单宁含量较高，青贮时按金荞麦 30％、玉米 40％、黔南扁穗雀麦 30％或稻草秸秆 30％混合青贮。

（2）密封和管理：原料装填完毕，立即密封和覆盖。即四周与窖口平齐后，中间高出窖口宽的 1/3 时，覆盖塑料薄膜，再覆上 30~50cm 厚泥土，踏成馒头形。

（3）开窖取料：应在青贮 35~40d 后取用，随取随用，取后盖好封口。

（4）饲喂前检查：饲喂前定期检查青贮料的品质，品质良好的青贮料气味芳香、颜色呈绿色、淡褐色、pH 4.2 以下。具有轻微的酸味和水果香味、青贮后为黄绿色且茎叶部分保持原状；禁止使用霉烂、腐败发臭、颜色发黑或有霉烂红斑的青贮料饲喂家畜。

2. 青干草

在金荞麦生长高度 60～80cm 时刈割，尽量摊晒均匀，及时多次进行翻晒通风，使其充分暴露在空气中，加快干燥速度。常用以下两种方法进行干燥：一种是在牧草收割的同时，按饲喂家畜和烘干机组的要求，切成 3～5cm 长的碎草，随即用烘干机迅速脱水；另一种是将刈割后的青草在天气晴朗时就地晾晒 5～8h，可使牧草水分含量降至 65% 左右，这时将经过初步晾晒的牧草切碎，进行烘干脱水。

青草通过干燥后当含水量在 18% 以下时，在晚间或早晨进行打捆，以减少叶片的损失及破碎。在打捆过程中不能将田间土块、杂草和腐草打进草捆。草捆打好后，尽快将其运输到仓库，草捆之间要留有通风间隙，底层不能直接与地面接触。

草捆可直接用于饲喂牛和羊等反刍家畜。

采用高温快速干燥法烘干青草后，用粉碎机粉碎草屑长度为 1～3mm。加工好的草粉应贮于遮光的麻袋或牛皮纸袋中，并为避免草粉受潮损失养分，应储在 2～4℃ 低温、干燥、避光、通风良好、无鼠害的仓库中。

金荞麦草粉在每百千克饲料中用于饲喂养猪添加 2～4kg，鸡为 0.4～1.0kg，鹅为 1.0～2.0kg，兔为 0.4～0.8kg，牛为 16～24kg，羊为 10～20kg 为宜。

黔中金荞麦分枝期主要营养成分表（以风干物质计）

生长期	CP (%)	EE (%)	Ash (%)	Ca (%)	P (%)	CF (%)	NDF (%)	ADF (%)
分枝期	20.72	2.34	10.90	1.05	0.39	13.51	29.10	17.30

黔中金荞麦茎和叶　　　　黔中金荞麦花

黔中金荞麦果实　　　　黔中金荞麦种子

黔中金荞麦单株　　　　黔中金荞麦群体

29. 攀西蓝花子

攀西蓝花子（*Raphanus sativus* Linn. var. 'Panxi'）是以凉山州腹心地带会理县封闭自繁 30 年以上的农家蓝花子为原始材料，采用自然选择和人工选择相结合的方法，经过单株选择，混合选择等手段系统选育而成。由四川省草业技术研究推广中心、四川省农业科学院土壤肥料研究所、凉山州畜牧兽医科学研究所和会理县农业农村局于 2019 年 12 月 12 日登记，登记号为 584。该品种具有丰产性，多年多点区域试验证明，攀西蓝花子较对照品种平均增产 46.56％以上，平均干草产量 9 109kg/hm²，最高年份干草产量 10 912kg/hm²。

一、品种介绍

萝卜属一年生或二年生草本植物。根为主根系，由主根、侧根、须根、根毛组成，侧根分布于耕作层内；茎高 60～110cm，分枝性强，可达四次以上分枝；叶为不完全叶，仅有叶片和叶柄，按形态分有长柄叶、短柄叶和无柄叶；花为总状无限花序，花由花托、花萼、花冠、雄蕊、雌蕊、蜜腺组成，花色有白、乳白、微紫红、微紫、淡黄等；果为角果，每一角果有种子 2～5粒，千粒重 10.5g。

该品种是一种多用性饲草作物，幼嫩叶片、苔茎可供食用或饲用，上花下角时翻压入土中，可作为绿肥，种子可榨油，榨油后副产品饼枯可综合利用，饼枯还是很好的畜禽精饲料，茎秆、果壳碾碎后是较好的饲料；作为饲用作物，只要采用优良品种，适时播种并施用适量基肥、追肥，亩产鲜草可达 2 500～4 500kg；蓝花子花期长、花内蜜腺发达，是良好的蜜源植物。用途广、适应性强，对热量要求不高，生育期短，不择土壤，且具有耐旱（降水量 60mm 以上能完成生育期生产）、耐酸碱等特性。

在海拔 2 000m 以上区域，9 月中旬播种，当年 10 月上旬进入分枝期，11 月上旬进入现蕾期，11 月中旬进入开花期，12 月下旬进入结荚期，种子相继成熟于 2 月上、中旬，整个生育天数为 148d；在海拔 2 000m 以下区域，9 月中下旬播种，11 月底现蕾，12 月初开花，4 月中旬种子成熟，生育期 212d 左右。

二、适宜区域

该品种是一种耐干旱、耐瘠薄、耐酸碱的饲草，不论是水稻田、山坡地，红、黄壤，盐碱地均可种植。适宜在四川省西南及邻近的云南、贵州等省种植。

三、栽培技术

(一) 选地

该品种适应性较强，对生产地要求不严，农田和荒坡地均可栽培；大面积种植时应选择较开阔平整的地块，以便机械作业。进行种子生产的产地要选择光照充足、利于花粉传播的地块。

（二）土地整理

种子细小，需要深耕精细整地。整地细平并清除所有杂草。施厩肥或磷、钾、钙复合肥 450kg/hm² 作底肥。

（三）播种技术

1. 播种期

秋播或夏播均可。秋播大多在海拔 2 000m 以下的山地或稻田，一般在 9 月下旬至 10 月上中旬播种；夏播大多在海拔 2 000～3 500m 的山区、高寒山区的二荒地、轮息地，一般在 5 月上旬至 7 月上旬播种。

2. 播种量

收草田为 22.5kg/hm²，种子田为 15kg/hm²。

3. 播种方式

窝播、条播或者撒播均可，生产中以撒播为主，条播时，行距 20～30cm。覆土 1～2cm 最好。以收种子为目的时，行距为 50cm；覆土厚度 0.5～1.0cm。撒播后可轻耙地面或进行镇压以代替覆土措施，使种子与土壤紧密接触。

（四）水肥管理

一是要及时查苗补缺，间苗、定苗。出苗率 90％以上可不补种，出苗率 60％～90％要及时补种，出苗率不到 50％的要及时翻犁重种；一般在 2～3 片真叶时就间苗，4～5 片真叶时即要定苗。二是要适时排灌。三是要及时中耕除草，苗期锄草 1～2 次。

（五）病虫杂草防控

苗期生长缓慢，要及时清除杂草。一般无病虫害，但在干旱少雨、气温较高的地区早春注意防蚜虫、白粉病等。

四、生产利用

该品种是优质的十字花科牧草，据农业农村部全国草业产品质量监督检验测试中心检测，初花期（以干物质计）粗蛋白含量18.3%，粗脂肪含量 1.81%，粗纤维含量 19.1%，中性洗涤纤维含量 29.7%，酸性洗涤纤维含量 22.8%，粗灰分 9.2%，钙含量 1.54%，磷含量 0.2%。

该品种作为饲料，多用以喂猪，为优等猪饲料。牛、羊、马、兔等喜食；可青饲，也可调制青贮料。

攀西蓝花子群体　　　　　　　攀西蓝花子群体

攀西蓝花子根　　　　　　　　攀西蓝花子单株

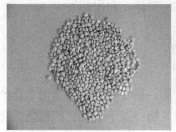

攀西蓝花子种子   攀西蓝花子花

图书在版编目（CIP）数据

草业良种良法配套手册.2019／全国畜牧总站编
.—北京：中国农业出版社，2020.11
　ISBN 978-7-109-27538-6

　Ⅰ.①草…　Ⅱ.①全…　Ⅲ.①牧草－栽培技术－手册
Ⅳ.①S54-62

中国版本图书馆 CIP 数据核字（2020）第 209292 号

中国农业出版社出版
地址：北京市朝阳区麦子店街 18 号楼
邮编：100125
责任编辑：赵　刚　肖　杨
版式设计：王　晨　　责任校对：刘丽香
印刷：中农印务有限公司
版次：2020 年 11 月第 1 版
印次：2020 年 11 月北京第 1 次印刷
发行：新华书店北京发行所
开本：850mm×1168mm　1/32
印张：5.25
字数：120 千字
定价：48.00 元
